带壳的蜗牛去看心理医生

·漫画解读版·

吴爽——著

民主与建设出版社
·北京·

图书在版编目（CIP）数据

带壳的蜗牛去看心理医生 / 吴爽著 .-- 北京：民主与建设出版社，2024.1
ISBN 978-7-5139-4482-3

Ⅰ.①带… Ⅱ.①吴… Ⅲ.①情绪 - 自我控制 - 通俗读物 Ⅳ.① B842.6-49

中国国家版本馆 CIP 数据核字（2024）第 007614 号

带壳的蜗牛去看心理医生
DAIKE DE WONIU QUKAN XINLI YISHENG

著　　者 吴　爽
责任编辑 刘树民
封面设计 末末美书
出版发行 民主与建设出版社有限责任公司
电　　话（010）59417747　59419778
社　　址 北京市海淀区西三环中路 10 号望海楼 E 座 7 层
邮　　编 100142
印　　刷 三河市天润建兴印务有限公司
版　　次 2024 年 1 月第 1 版
印　　次 2024 年 3 月第 1 次印刷
开　　本 710 毫米 ×1000 毫米　1/16
印　　张 13.5
字　　数 144 千字
书　　号 ISBN 978-7-5139-4482-3
定　　价 52.00 元

注：如有印、装质量问题，请与出版社联系。

前 言

不同性格的人，会产生不同的情绪。安东尼·罗宾说："你有什么样的感觉，你就有什么样的生活。"积极情绪能帮助我们挖掘自身的潜能，保持良好的状态；而消极情绪往往引发家庭冲突、感情破裂、事业受挫、人际失和等各种危机。如何通过自身调节或者在他人的帮助下解决这些消极情绪，最终变得正面、阳光、有精神，是每个人保持心理健康的重要内容。

好了，重点出现了：拥有这些积极情绪的首要问题，就是要有一个优质的睡眠状态——睡眠质量好，精力才会旺盛，学习和工作才能信手拈来。

本书主要写某些人因各种情绪产生心理障碍而导致睡眠问题，这类人的身上都背着一种情绪的壳，我统称他们为"带壳的蜗牛"。

解决睡眠问题并不是我的咨询特长，但是，在对于来找我咨询的不同人群中，我植入了"情绪决定睡眠"这一项。而且，随着"世界睡眠日"主题的逐渐推广，我发现越来越多的人开始关注自己的睡眠情况和心理健康，这是一件非常值得赞扬的事情。

总体而言，现代人对于睡眠问题的重视程度虽然较高，但解决方法还是停留在"自我消化"上——在很多人的传统意识中，"睡不好"

并不是什么了不起的毛病，也根本不值得去咨询心理医生。

事实上，从古到今，睡眠问题都被视为疾病。《2021 年运动与睡眠白皮书》中指出，当下中国有超过 3 亿人存在睡眠障碍。睡眠质量不优以及产生的异常行为表现，可由多种因素引起，最重要的是与情绪或者心理问题有关。

古代中医也特别强调“顺应自然”，就是日出而作、日落而息，认为睡眠的质和量都是一样重要。

对于这种观点，我是百分之百认同的。每个人都有追求幸福的资格，请不要让睡眠问题剥夺了你幸福的权利。

我越来越觉得，我们这个时代引发睡眠问题的因素越来越多，太多人被睡眠问题所困扰。

这些年，我见过太多被睡眠问题困扰的人，他们其中有普通人，也有功成名就的精英，但无论什么人、什么身份，在睡眠问题面前都是人人平等。

因为不能把所有存在睡眠问题的人统称为病人，所以，我对所遇到有睡眠障碍的咨询者称呼为：来访者（带壳的蜗牛）。同时，我是一名心理咨询师，不能被咨询者称呼为“医生”，就当一名解惑的“老师”挺好。

另外，在面对面地与来访者交流时，我通过分析对方的认知水平和个体成长史，来判断我该怎样表达才能让对方听得懂、听得进去。但是，当把这些内容整理成文字的时候，我要面对的可能是千千万万不同认知、有着不同经历的读者，因此，我没有办法进行针对性的疏导和交流。所以，我决定尽量多讲案例、少讲理论，多用通俗易懂的语言、少用专业性的词汇，希望能与各位读者达到更好的沟通。

关于情绪与睡眠之间的关系，其实是一门很深的学问，在这里，只言片语说不清楚。在本书中，我列举了七个非常具有代表性的案例，涵盖可能发生在我们身边每个人身上的大部分心理问题，但并不能说是全部问题。

最后，还是说说我自己的心愿。作为一名心理咨询师，我能帮助到的人有限，所以我想通过本书帮助更多有心理障碍的人士，希望他们能做自己的心理医生，去掉身上的“情绪壳”，早日回归到正常的生活状态。

目 录

Part 1

Part 2

Part 3

自我状态：你不是天生懒惰，要学会管理压力与情绪

Part 4

情绪对抗：最好的时间，都去哪儿了

Part 5

潜意识：痛并快乐着，睡得太“深”也危险

Part 6

危机干扰：不要用“别人也一样”作为自己的主张

Part 7

个人情怀：每天做一个情绪稳定的成年人

Part 1
焦虑症：无端的压力，让心情变得阴郁

有些时候，在午夜时分我们会产生一些“无端的情绪”——莫名其妙地感到悲伤或者是快乐，这些情绪严重地影响了我们的睡眠，但我们却无从捕捉。

其实，这都是潜意识在作祟。

所以，当你自以为清空了大脑、放下了羁绊准备入睡的时候，却被各种莫名其妙的情绪所困扰，无法安眠。此时，你需要仔细考虑一下，在自己的潜意识里到底在困扰什么、担心什么?

1. 夏小雨的话：我精神得很，怎么会有压力

睡不着，对于现代人来说并不稀罕，毕竟现在的人，谁心里没点儿事。前阵子，我一个朋友的妈妈宋阿姨就遭遇了一次短暂的失眠，倒是把我折腾得够呛。

宋阿姨的睡眠，绝对是让众多人望尘莫及的——60 岁的人了，每天依然是一沾枕头就睡着，睡不够 8 小时怎么都不会睁眼。

但就是这样一个在睡眠问题上从来没有困扰的宋阿姨，前阵子突然跟我说失眠了，非缠着我给她介绍几种促进睡眠的药。

这药怎么能乱吃？我也不是医生，当然不能答应。

再看这宋阿姨，眼下乌青，精神不振，没事还老是唉声叹气的。不过，一个人突然睡不着，不用说，这心里头肯定有事了。

最后，好说歹说，我凭借着三寸不烂之舌，总算套出了宋阿姨的心里话。

原来前阵子，宋阿姨的老伴——也就是宋伯伯去参加了同学聚会，听说宋伯伯的初恋情人也去了。这个初恋情人，以前宋阿姨听宋伯伯提过，几十年前就全家移民去了加拿大，这次估计也就是回来看看老朋友。

我一听挺乐呵，这宋阿姨都年过半百了，还吃初恋情人的醋？

可没法子，实在拗不过宋阿姨，只能让宋伯伯约初恋情人一家

子出来吃顿饭。我就做宋阿姨的“军师”，给她分析分析，看宋伯伯和初恋情人之间到底有没有什么暗涌的“情愫”、异样的“眉来眼去”什么的。

别说，这一顿饭还真“治”好了宋阿姨的失眠症。

初恋情人带了她家老头子一块儿来的，那老头子是个人高马大的老外，金头发、蓝眼睛那种。宋阿姨一看，心情大好——人家的老头子那么精神，她怎么也不会再看上自家的糟老头子了吧？

那一夜，宋阿姨乐呵呵地睡了个好觉。

之后，宋阿姨逢人就大力吹捧我，说我治疗这“睡不着”的毛病有一手！结果，宋阿姨就把和她一起跳广场舞的舞友罗阿姨给“吹”来了。

罗阿姨带着她的儿子，一个同样“睡不着”的优等生夏小雨来找我。

夏小雨今年刚上高一，是特别有名的“别人家的孩子”榜样，最近考上了重点高中。以前在初中时，夏小雨就是优等生，考试成绩总能排在年级前十名，还是校篮球队的主攻人员，钢琴也考过了十级，人生履历简直堪称完美。

那天，我在家刚吃完晚饭，罗阿姨就带着夏小雨来了。

夏小雨长得白白净净，看上去属于性格很开朗的那种孩子。招呼他们坐下后，我看着他眼下的乌青块，直奔主题：“这段时间睡不好觉？”

夏小雨点点头，说：“嗯，困，但就是睡不着。”

我问：“能描述一下你的睡眠情况吗？”

夏小雨回答：“就是躺在床上老睡不着，有时候就算睡着了也总是做梦，一点儿动静就会惊醒我，早上起来头昏脑胀的没精神。”

我继续问：“这种情况持续多长时间了？”

夏小雨想了想，说：“陆陆续续快一个多月了。”

我在心里盘算了一下，夏小雨升上高一两个多月，大概一个月前，按照那所重点高中以往的习惯，估计入学第一个月就会举行一场月考。

为了证实心中的猜测，我接着问他：“考月考了？”

夏小雨漫不经心地点点头：“嗯，考了，我是全班第一。题目不难挺容易的，就是我太粗心，错了几道题拉下了总分，只排在年级第十名。”

虽然夏小雨说得轻描淡写，不过我知道，这所高中的考题是出了名的“变态”。优等生所承受的压力往往要比一般学生大很多，尤其是像夏小雨这样刚升入高中的同学，无论是学习还是生活等方面必然都会跟以往有很大出入，容易产生压力也是正常的。

初步来看，夏小雨的失眠很有可能是压力所引起的。

我进一步询问道：“你刚升入高中，各方面都不太习惯吧？有没有哪些方面是感觉比较困难的？”

夏小雨迟疑了片刻，然后摇了摇头，说：“没有，都挺好的。”

“是啊是啊，这些方面都没有问题的。”不等我回话，罗阿姨就抢了话头说起来，“我们家小雨可懂事了，他们班主任一直夸他呢，刚开学时就让他当了班长。呵呵，初中三年，他也都是当

刚升入高中，有没有哪些方面是感觉比较困难的？
没有，都挺好的。
没有问题的，俺家小雨可懂事了，班主任在刚开学时就让他当了班长。
我们从来不会给小雨任何压力，不要求孩子必须考多少分、拿多少名次。
不过，小雨也从来没有让我们操心过。
我没有任何压力，反正就是睡不着，不知道为啥。
进入一个新的学习环境，你有压力吗？
没有压力其实也是一种压力，只是有的心理压力小，通常可以进行自我排解。
压力
原来是这样啊！
原来我的失眠是压力导致的。

班长的。同学和他的关系也都很好，前几天还有几个新同学来家里玩……”

“进入一个新环境，通常都会有一段不适应的时期，这是很正常的。”我赶紧打断罗阿姨的话头，以她的聊天方式继续让她说下去，估计她能把夏小雨昨天晚饭吃了什么、今天早饭吃了什么都说个一清二楚。

我看着夏小雨，接着问道：“毕竟是进入到一个全新的学习环境中，你会感觉到有压力吗？”

这一次，夏小雨回答得很果断：“我没有任何压力，反正就是睡不着，不知道为什么。”

罗阿姨又凑了过来，发誓般地说道：“我们从来不会给小雨任何压力，我和他爸一直都告诉他，不用让自己那么累。我们不像其他那些父母老要求孩子必须考多少分、拿多少名次，我们从来不要求的。真的，小雨也从来没有让我们操心过。”

“其实，完全没有心理压力的情况是不存在的。即便假定存在这样的情况，那么，没有压力本身其实也是一种压力，那就是我们所说的空虚。”

无论是罗阿姨还是夏小雨，似乎对于“压力”这个字眼都显得有些敏感。我试图让他们明白，压力是每个人都会存在的一种正常心理状态。

不过，见他们一脸迷茫的样子，我赶紧简单地解释道：“就是说，无论是谁，在什么情况下、做什么事情都会产生一定的心理压力。只是有的心理压力小，自己通常可以进行排解，不会对自己的正常生活造成什么影响；有的心理压力自己排解不了，就会影响到正常生活。”

罗阿姨和夏小雨似懂非懂地点了点头。

我决定暂且结束这场谈话。很多时候，青少年有了心理问题都是不太愿意与父母沟通，怕父母知道后絮叨个没完。

在罗阿姨面前，我感觉很难和夏小雨再有更进一步的交流。毕竟，我不知道夏小雨会不会也有不愿意和父母进行交流的“秘密”。

“这样，今天我们先说到这里吧。后天是周五，小雨，你下午放学后直接到办公室来找我，一个人来，行吗？”我把办公室地址给了夏小雨。

夏小雨看了妈妈一眼，见她没有反对，就点了点头。

2. 被误解的那些压力

很多人对压力都存在一种误解，比如像罗阿姨，她总以为压力都来自外界，未成年人也不会有压力。

其实，压力的产生，更多还是与个体需求有关。这也就是将两个人送到同一个压力环境中时，两个人所产生的心理压力会有所不同的缘故。

心理学研究表明，一个人对于成功、失败或者挫折的体验，不仅仅依赖于某一客观标准，更多的是与其内在的需求有关。任何与这一需求相去甚远的活动，都会让个人产生成功或者失败的体验。

比如，有的同学考试得了65分，就会感到非常高兴，因为跟上次考试得了52分相比，这次考试就是巨大的成功；而有的同学即便考试得了98分，也会为失去了2分而产生挫败感。这就是个人需求的差别。

在第一次和夏小雨谈话的过程中，我注意到他刻意提起了月考成绩的排名，可见他对于考试成绩是非常重视的。

很显然，夏小雨明显属于前面所说的后者：个人对好成绩的需求太高，往往就容易导致压力的产生。这也是我认为夏小雨的失眠原因，很可能是由压力所引起的。

周五下午6点半左右，夏小雨来到了我的办公室。他把书包放到桌子上之后，就斜靠在沙发上，脸上透出一些疲惫的表情。

跟前天晚上的正襟危坐相比，没有妈妈在场，现在的夏小雨显然放松了很多。

我给夏小雨倒了一杯温水，然后问他："昨天晚上，你睡得怎么样？"

夏小雨的精神有些涣散，懒洋洋地回答道："还是那样，想睡，就是睡不着。"

我点点头，接着问："我们来谈谈你的新班级和新同学吧，就是你感觉怎么样，想到什么就说什么。"

"都还行吧……"夏小雨说话时还皱了皱眉头。

“到了一个新的环境，总会和从前有些不同吧？接触的同学里面也总会有些留下不同印象的，你都可以说说看。”我继续鼓励夏小雨说下去。

沉默了片刻后，夏小雨喝了口水，一边思索一边说：“课桌没有以前学校的新，也没那么好用；语文老师讲课不太好，老是东扯西拉的，一篇课文讲两节课；数学老师讲课特别快，一不留神，一道题就讲过去了；班上有几个男同学特别爱闹腾，一下课就跟疯了似的到处跑闹……

“陈伟——我的同桌，数学科代表，听说他已经把高中数学都自学了大半，挺厉害的。还有吴冉冉——也是我们班的尖子生，听说她爸妈老早就给她请了家教开始学物理、化学了，我们还没有开课呢……”

我注意到，在夏小雨讲述新班级和新同学的情况时，除了一些客观因素比如课桌样式等，他提到最多的都是关于同学的学习状况，尤其是那些在某方面有突出表现的同学，他描述得最为详细。

可见，这些都是夏小雨平时在学习生活中最容易注意到，甚至是刻意在搜集的信息。

“听上去，你的这些同学都很优秀啊！”我笑着问夏小雨。

夏小雨点点头，脸上的表情却有些不以为然：“毕竟能进这所高中的，除了那些托关系的以外，其他同学都是有些真本事的。”

我接着问：“那你觉得这些有真本事的同学，会对你构成某些威胁吗？”

夏小雨笑了笑，然后说道：“他们提前学了那么多，还不是没

高中数学无压力！
陈伟是数学科代表，他已经把高中数学自学了大半。
吴冉冉，听说她爸妈老早就请了家教来教她物理和化学。
化学
他们提前学了那么多，结果考得还是不如我。
说实在的，我真没觉得有压力。
看来他们都很优秀，那你觉得他们对你构成了威胁吗？
任何人刚踏入一个陌生的环境都会产生不适感，需要时间来调整。
每个人换新环境都会有压力？那班上其他同学怎么能睡着，而我不行？
心理压力主要源于环境要求与自身应对能力之间的不平衡。
听说过“潜意识”吗？
潜意识？

我考得好？我也不是那么在乎名次，随便考多少名都无所谓。你又要说我有压力了，是不是？都说了，我真没觉得有什么压力。”

说实在的，我真不知道夏小雨到底是真的没有意识到自己有压力，还是不愿意承认自己有压力。但无论出于哪种原因，很显然，他对“压力”依然有着严重的误解。

我只能进一步解释道：“通常来说，心理压力主要是源于环境要求与自身应对能力之间的不平衡。无论什么人，刚进入一个陌生的环境都会产生一种不适应感，需要一段时期来自我调节，要求与自身应对能力之间的平衡。”

“你的意思是，每个人换新环境都会不自觉地产生压力？”夏小雨似懂非懂地看着我。

我点点头。

夏小雨接着问道：“那怎么班上其他人都能睡着，就我睡不着？”

我分析道：“每个人对自己的期许值不同，因此，在同一个环境中所产生的压力大小也不相同。有的人压力很小，靠自己就能排解出去，通常来说不会对自身造成什么影响；当压力比较大，自己无法进行排解的时候，通常会产生一定的影响——失眠，就是其中非常典型的一个表现。

“现代医学相关研究已经证明，心理压力会对人体免疫系统产生削弱作用。因此，如果长期处于较大压力下，人的身体就会容易患病。”

听到这里，夏小雨的表情变得有些凝重，迟疑了一会儿才问道：“那……我都不觉得自己有压力，你怎么能确定我是因为压力才失眠的呢？”

“现在还不能百分之百确定。”我笑了笑，“导致失眠的原因有很多，主要有疾病、心情、环境和药物等影响，你在高中入学时才做过体检，患病的可能性不大。

“至于睡眠环境，罗阿姨说为了让你睡得好，做了不少能促进睡眠的准备工作，从床铺到灯光都事无巨细地改进过，所以这个可能性也不大；至于药物，你有使用某些药物的习惯吗？也不一定是药物，某些能提神的食品也算，比如浓茶、咖啡、清凉油等。”

夏小雨摇摇头：“这些我都不会用。”他接着问道，“如果说是因为压力才让我失眠的，那我怎么感觉不到呢？”

我看着夏小雨，问：“听说过潜意识吗？”

“听说过，就是那个心理学家弗洛伊德提出的什么理论……反正就是你脑子里有的，但是你意识不到的东西……”夏小雨一边回忆，一边说。

“从心理学上说，潜意识指的是‘已经发生，但人们并未到达意识状态的心理活动过程’。”我解释道，“也就是说，人的心理活动，除了我们能认知到的东西以外，还有一些是我们所察觉不到的。

“但这部分察觉不到的意识，同样会对我们造成一些影响。比如，我们如何看待别人以及自己，如何认知日常生活中日常活动的意义，在关乎生死之际的快速判断和决定能力，以及本能反应所采取的行动等，这些都是由潜意识决定的。很多时候，我们意识不到的某些信息，其实潜意识已经接收到了。”

我听说过潜意识，就是由大脑产生的，但是你的意识感觉不到的东西。
大脑
潜意识
弗洛伊德
这是由奥地利心理学家弗洛伊德提出来的。

没错，从心理学上说，潜意识指的是“已经发生，但未达到意识状态的心理活动过程”。
潜意识
大脑
也就是说，人的心理活动里还有一些是察觉不到的。所以，你只觉得自己失眠，没有察觉到是压力作祟。

“你的意思是说，我的心理压力可能是潜意识产生的压力，所以我自己意识不到，但它已经影响了我的生活？”夏小雨一副恍然大悟的样子，但随即脸上又浮现出一丝疑惑。

确实，对夏小雨来说，潜意识实在太缥缈了，他自己都意识不到的东西，又怎么能让他立刻信服呢？

我继续问夏小雨：“你睡着的时候，会有一些不寻常的表现吗？比如，磨牙、梦游什么的。”

夏小雨想了想，说：“梦游应该没有吧，没听我妈说过。不过她好像提到过我晚上睡觉老磨牙，说怕是我跟乐乐一起长牙——对了，乐乐是我家养的拉布拉多，可帅气了！”

我笑笑说：“你可不是长牙。磨牙，其实也是潜意识压力下的一种无意识体现。

“从精神分析的角度来说，磨牙是一种受挫和焦虑的心理表现，尤其是当你处于生气、愤怒、焦虑或者悲观等不良情绪时最容易产生。而如果你人为地逃避自己的心理压力，那么，在睡眠中就很容易出现磨牙的情况。”

夏小雨对这个分析似乎很有兴趣，身子往前凑近了我一些，好奇地问：“为什么啊？难道不是因为像乐乐那样长牙痒痒，所以要磨一磨止痒吗？我曾经也听过我爸磨牙，他是不是也在逃避什么心理压力？”

我说：“成年人偶尔磨牙对健康的影响并不大，只要调整一下自己的心态，注意休息就没问题了。但如果是长期磨牙，就有可能导致心理或者生理上的一些障碍，你可以让你妈妈多注意一下你爸的情况。

“口腔是人体兴奋的源点，你看很多婴儿喜欢吸吮手指、喜欢把很多没见过的东西往嘴里塞，这就是因为婴儿试图用口腔的触感来认知这个世界。

“而且口腔也能体现紧张、悲观等情绪。当人们感觉压力大的时候，往往会通过一些方法来进行排解，比如运动或者转移注意力等。而有的人为了排解压力，就会产生磨牙、说梦话等情况。”

夏小雨似懂非懂地点了点头。我看了看时间，也差不多该让他回家了。

临走前，我交给夏小雨一个任务，要他记录下自己的梦境，并好好想想哪些事情会让他感到焦虑。

想要排解压力，我们首先必须直面它。

3. 潜意识造就的梦境

潜意识，从心理学上的定义来说，指的是：已经发生，但人们并未达到意识状态的心理活动过程。它就好像是潜藏在我们心底的一个启动程序，平时无法被检测到，却一直影响着我们的方方面面。

比如，当我们遇到某些紧急事情时所采取的行动，甚至在生死关头所进行的快速判断和决定能力等，都受到潜意识的影响。

这就是为什么在面对突发情况时，我们往往会做出连自己都意想不到的选择和行动。其实，这些选择和行动早已存在你的潜意识中，只是你自己还没有意识到而已。

就像夏小雨，或许他意识不到自己存在的压力，但他所做的事情以及所受到的一些影响却表明，他的潜意识中已经堆积了大量压力因素。

比如，在我们的谈话过程中，夏小雨反复提到与“成绩”“名次”等有关的词语，这说明在他的潜意识里非常在乎这些跟学习有关的因素。

此外，在谈起他的同学时，他谈论更多的不是同学的兴趣爱好、性格特点等，而是学习情况。可见，他潜意识里的关注点其实都在学习这些方面。

而且，大多数存在睡眠障碍的人，往往都与压力有关。这也是为什么我经过初步分析，认为夏小雨的失眠很可能是由潜意识中所存在的压力引起的。

很多人可能会问：既然潜意识是一种我们自己都意识不到的心理活动过程，那要怎样去探究？其实，我们手中一直都握着通往潜意识大门的“钥匙”，那就是梦境。

梦境，时而荒诞离奇，时而宛若现实，似乎找不到任何因果规律，以至于在人类长久的发展进程中，许多人都认为梦境是超自然力量作用的结果。

从精神分析的角度来说，做梦是潜意识释放过程的展现，或者说梦是被压抑的潜意识冲动或愿望以另一种改变方式出现在意识中，这些冲动或愿望来源于人性本能。在清醒状态下，这些不被社会道德伦理接受的冲动或愿望被压抑和控制，无法表现在意识层面；而在睡眠中，意识的警惕性有所放松，这些冲动或愿望在梦中就显现了出来。甚至，不同年龄和性别的人，他们的梦境也存在着明显的规律性。比如：

3～4岁的幼儿，梦境中出现动物的频率要比大人多很多，且梦境内容大多是关于游戏、玩耍的。在这个阶段，男孩和女孩的梦境尚未出现明显区别。

5～6岁时，男孩和女孩的梦境内容开始出现一些差异。女孩梦境中开始出现较多熟悉的人物，出现动物形象的频率减少，梦境的气氛大多是较为愉快的。而男孩则不同，他们常会梦到陌生人和猛兽，气氛通常并不愉快。

7～8岁的时候，女孩梦境中与女童玩耍的情形会增多，并可能开始出现成年男子的形象，这表明女孩开始对异性产生兴趣。而男孩的梦境也出现了转变，猛兽的形象逐渐减少，与熟悉的人玩耍的情景增多。

9～12岁时，学校中发生的种种事情会成为孩子梦境的主要内容，通常好梦会多于噩梦。其中，女孩的梦中多次出现成年男子，男孩的梦则更多是关于体育运动、游戏人物的内容。

13～15岁时的青少年，其梦境与成年人的梦境几乎没有什么差异。在这一阶段，梦中的人物和情节都开始出现奇异的变形，梦境也变得越发天马行空、荒诞不经。而且，梦境气氛往往不会特别愉快，这一点在男性少年的梦境中体现得尤为明显。

可见，梦境的产生并不是毫无根据、毫无缘由的，某种程度上可以认为潜意识就是梦的本源。

很多人可能都有过类似这样的经历：当心情不太好的时候，睡一觉往往会让人轻松很多。这是因为，“睡眠 + 梦境”具备一定释放压抑、去除消极情绪的作用。

当我们在清醒时产生了某些消极情绪之后，潜意识会受到一定的影响，并“记忆”下这些来自情绪的感觉。进入睡眠后，意识开始休眠，潜意识成为大脑的“主导者”，这个时候，这些被储存的“记忆”就会通过梦境的形式来进行“宣泄”。

因此，睡一好觉不仅能够缓解身体和大脑的疲劳，有时还能让我们的情绪状态变得更好。

此外，很多时候，我们内心深处存在的某些想法和感受，可能会与某些社会道德规范及行为标准相抵触，或者与我们的理性认知相悖。在这种情况下，我们的意识通常会对这些内容进行“清理”和“筛选”。它们很可能不会出现在我们的意识区域，但这些内容也不会凭空消失，它们很可能被储存在潜意识区域，并通过一些扭曲、转移而成为象征性的形式呈现在我们的梦境之中。

在这里，我总结了几种较为典型的梦境供大家参考，如果你做过这几种梦，一定要注意给自己减压了。

*** 梦见自己在不恰当的时候裸露身体。**

梦里出现裸露身体，未必一定就是负面的意思，但如果你梦到自己在不恰当的时候裸露身体，并因此而感到难堪和羞愧，那很可能就存在问题了。

这说明，你心里可能藏着某些不愿被人发现的弱点或秘密，并可能为此感到羞愧和焦虑。

*** 梦见考场交白卷。**

除了学生外，还有很多已经步入职场多年的人也常常会做这样的梦。

在我们十多年的求学生涯中，考试对每一个学生来说就像是一次次挑战，一次考试的分数，就可能让一个人的学习生涯发生改变。

因此，一个人常常梦见自己在考场交白卷，说明工作、学习、生活中的竞争压力较大，让自己感到有些力不从心。

*** 梦见鬼神或者凶杀等可怕的场景。**

通常来说，一个人的压力越大，梦境也就会越夸张。

当你频繁梦到关于凶杀、抢劫，甚至鬼神异象等令人感到恐怖的梦境时，说明你的压力已经到达临界点，随时可能击溃你。

你一定要注意这点，一旦发现自己有了这种梦境，要立即去改变自己的状态。比如，来一次大汗淋漓的爬山，或者来一次长途骑行、上千米游泳等运动，都能有效缓解自己的情绪压力。

4. 心底存在的自我认知

再见到夏小雨，是将近半个月后。

这期间，夏小雨的班级又进行了一次考试，这一次他排在班级第五名。对于很多同学来说，这算是挺不错的成绩了，但对于“学霸”夏小雨来说又是挫败感十足。

这一次，罗阿姨陪着夏小雨一起来的。进办公室时，我还听到罗阿姨笑眯眯地对夏小雨说：“不要紧的，都是因为最近没有睡好导致精力不够造成的。没事没事，我儿子这么聪明，下次肯定能行……”

夏小雨则面无表情地跟在罗阿姨身边，不知在想些什么，眼下的乌青块有些明显，精神比我之前见他时差了很多。

我示意罗阿姨一眼，表示我要跟夏小雨单独聊聊。等罗阿姨出了办公室，夏小雨就看着我苦笑道：“吴老师，我觉得您说对了，我可能是压力太大了……以前我没怎么觉得，可这次考试之前睡不着的情况更严重了，成绩一出来，我差点儿满脸是泪啊，真没想过自己还挺在意名次的……”

“全班第五名，名次不挺好的吗？你们班还是实验班，这样的成绩不错了。”我由衷地对夏小雨鼓励道。

夏小雨却叹了口气：“平时的班级排名，我可从来没下过前三名啊……”

“对自己要求严格是好事，但凡事都要有个度，过高的要求会让自己喘不过气来的。”

我一边安慰夏小雨，一边拿出记录本，问道：“能记得最近几天做了什么样的梦吗？”

夏小雨一边想，一边回答道：“反正就是乱七八糟的梦——被僵尸追啊，还有会喷火的恐龙，还有自己掉下悬崖之类的……”

我点点头，一边记录一边说：“被僵尸追赶、出现充满攻击性的恐龙、掉落悬崖，这些梦境都传达出一个共同信息——危险。梦境反映出的，是你这段时期的情绪处于‘危险’之中，意味着你的情绪非常紧张、焦虑、害怕。而你做的梦越是荒诞离奇，越是说明你所承受的压力越大。

“你得学会给自己减压，让自己轻松一点儿。否则，总有一天你会自己把自己给压垮的。”

“如果……梦见自己……就比如在很多人面前没有穿衣服……那是什么意思啊？”夏小雨吞吞吐吐地问道。

“在很多人面前没有穿衣服？大概什么时候梦见的？在梦里，你的情绪怎么样？”我追问道。

夏小雨有些不好意思地说道：“在考完试以后的这两天，我梦见两回了……在大庭广众下裸露着身体，肯定觉得特尴尬啊！”

“通常来说，这意味着有某件事情让你感到很羞愧，很想遮掩。”我一边说着，一边在本子上记录下这一情况。

夏小雨若有所思地点了点头，说道：“虽然不想承认，但我确实感觉挺羞愧的……就好像我让所有人都失望了……”

“成绩真的有你想的那么重要吗？”我认真地看着夏小雨，“谁对你失望了？是你的父母？老师？同学？还是那些邻居？”

夏小雨张了张嘴，一时回答不上来。

我接着问道：“你认为自己是天才吗？”

夏小雨摇摇头：“我还差得远呢。”

“是的，你确实差得远。”我决定引用名人的真实情况来刺激他，“据说名画《蒙娜丽莎》作者达·芬奇的智商高达230，除了是著名的画家之外，他还是著名的雕刻家、建筑师、数学家、音乐家、工程师、发明家、解剖学家、植物学家、作家、地质学家等；史蒂芬·霍金的智商被认为大概有160，靠着非凡的大脑去‘解读’宇宙……这些事情，你做得到吗？”

夏小雨沉默了，脸上的表情有些挫败。

我继续说道：“小雨同学，你聪明而且成绩优异，这是毋庸置疑的。但你也必须接受一点，那就是你并不是完美的，并不是理所当然的‘第一’。比你聪明的大有人在，你也不需要非得用成绩、排名、分数来定义自己的价值。

“之前我就说过，对自己要求严格是好事，这能让你进步，让你成为更好的人。但如果对自己要求过高，这只会成为沉重的负担，反而会阻碍你继续进步。

“人只有接受了自己的不完美、接受了自己的弱点，才能变得更优秀、更强大。”

言尽于此。我所能做的，只是把这些化解压力的简单道理告诉夏小雨，至于他自己内心的压力，只能靠他自己去领悟、去化解了。

当然，我也给夏小雨提了一些保证良好睡眠的建议，并要求他严格按照我所说的执行至少一个月，然后再检视效果。

跟夏小雨谈完之后，我特意和罗阿姨进行了一番谈话。事实上，我认为罗阿姨正是夏小雨最大的“压力源”。

以前，人们老是这样认为：棍棒之下出成绩。随着现代人观念的转变，加上很多亲子教育观点的更新，很多家长都开始以鼓励代替批评来引导、教育孩子，罗阿姨家就一直奉行这一教育方针。

事实上，鼓励确实比批评更容易让人接受，也更能帮助孩子树立信心。但需要注意的是，很多时候，鼓励和肯定如果超过某种程度，将会成为一种巨大的压力。

比如，罗阿姨确实没有要求夏小雨必须考多少分数、取得什么名次，但她一直都在强调夏小雨有多么优秀、有多么聪明，等等。

这种鼓励方式，让夏小雨认为自己就应该这么聪明、这么优秀，这是理所当然的。如果做不到，似乎就是一种错误，愧对了父母的期望，甚至愧对了自己的“聪明才智”。

正因为心底存在这样一种认知，夏小雨才会在成绩退步之后，除了感到焦虑和挫败之外，还产生了一丝羞愧。

为了让夏小雨能尽快调适自己的情绪和内心的压力，我告诉罗阿姨，在这一个月之内，尽可能不要在学习方面给予夏小雨任何鼓励性的话语。

罗阿姨虽然心存疑虑，但还是答应了我的要求。

每个人都想得到别人的认可，但有时，过多的希冀和信任也会成为一种负担——压力促使人进步，但过多的压力终会将人压垮。想要排解压力，我们就必须找到生活中的“压力源”，然后正确地面对并进行处理。

5. 懂得接受，才能释放

此前，为了帮助夏小雨尽可能摆脱失眠的困扰，我给他提了一些建议。这些建议对保证良好睡眠有着重要作用，也同样适用于每一位被失眠问题所困扰的人，在这里和大家分享一下。

*** 尽可能保持稳定的起床时间。**

可以先确定自己的起床时间，并严格按照这一时间起床。至于睡眠时间，晚上感到有困意时入睡即可。一段时间之后，相信你会调整出最合适自己的睡眠时间。

*** 尽可能保持身体接受光线和黑暗的时间规律。**

白天尽量多晒晒太阳，晚上睡觉尽可能保持黑暗环境。如果晚上有起夜习惯，留一盏光线较弱的小夜灯即可。

*** 取消白天小憩的习惯，尝试做一些伸展运动来进行放松。**

失眠有时是因为生活紧张而引起的，通过做瑜伽、散步等运动舒缓紧绷的身体，有助于睡眠。

*** 避免使用任何药物或酒精来帮助自己入睡。**

睡前饮茶、饮酒、喝咖啡、吸烟等令人兴奋的饮食行为，对睡眠有较大影响，一旦停饮或过量都会出现不同程度的睡眠障碍。

*** 夜间睡不着时不要躺在床上，到其他光线同样较弱的房间放松一下，有睡意时再返回卧室入睡。**

*** 让卧房成为专门睡眠或休息的场所，不能在卧室中进行工作或娱乐。**

*** 睡前将闹钟设定到起床时间之后，即便睡不着也不要频频看时间。**

藏好你的闹钟，这是所有失眠者应遵循的基本要求。时间的流逝，只会让你因无法入睡而越发紧张和焦虑。

*** 除了必要的医疗处方药物之外，晚餐尽可能避免摄入过多的刺激性食物。**

*** 保证睡眠环境安静、温度适宜，并且通风良好。**

每天睡前找一段时间来让自己放松和休闲，不去想任何与工作、学习等有关的事情。

值得注意的是，在第一个星期，这些建议并没有对夏小雨起到任何作用，反而让他的失眠问题变得更加严重了。因为他一直牢牢记着我给出的每一条建议，并发挥他的“学霸精神”，严肃而坚决地贯彻实施了一切“条款”。

结果就是，原本应该让身心得到放松的睡眠，反而成了夏小雨的一项“任务”，让他变得更加焦虑和紧张了。

我们知道，不论对于身体还是精神来说，失眠都是个大问题，长期失眠不仅会击溃我们的精神，还会拖垮我们的身体。

但讽刺的是，很多存在失眠问题的人，在认识到睡眠健康的重要性之后，却因为不计代价地追求每个夜晚正常甚至完美的睡眠，反倒让自己的情绪变得更加焦虑和紧张，从而导致失眠问题不断恶化。

夏小雨出现的问题，正是如此。

处于青春期的孩子，在情绪上通常都是敏感而脆弱的。

青春期是一个非常特殊的时期，处于这一时期的孩子需要面对众多生理和心理上的变化，这常常令他们感到迷茫和不知所措。除了情感脆弱之外，学业压力也常常令处于青春期的孩子感到无所适从。

这些因素，致使孩子的失眠症状逐渐成为众多家长中的一种“流行病”：

“孩子睡不着怎么办？”

“如何才能帮孩子减压？”

“面对孩子的考前焦虑，要如何排解？”

不少家长都向我咨询过这些问题。

鉴于青春期孩子在生理和心理方面的特殊性，想要彻底根除他们心中的迷茫、焦虑等负面情绪，几乎是不可能的。在这个时期，他们需要认识世界，从而建立自己的世界观和价值观，因此所思所想自然会较为繁重，情绪的起伏也会有较大波动。

在这里，我想对每一位存在睡眠障碍的人说：当你遭遇失眠问题时，请不要想着去“治疗”它，而是学会去“接受”它，然后再想办法将它所造成的影响降到最低。

要知道，除了病理上的问题之外，绝大多数的失眠问题都与焦虑有关。你需要明白睡眠健康对于自己的重要性，只有这样，你才能直面自己的睡眠障碍，并想办法克服它。

与此同时，你也不能过度在意失眠问题。只有当你能心平气和地接受这个问题时，你才不会因为它的存在而更加焦虑，从而陷入情绪与失眠相互影响的恶性循环。

我曾经与多名有睡眠障碍问题的人有过沟通，我发现很多失眠者都存在同一个问题：他们总是倾向于低估自己的睡眠时间。

事实上，我们的睡眠时间会随着年龄的增长而变得越来越少，这是一种正常的生理现象。而且，失眠本身就是一个长期存在的问题，你不可能指望通过短暂治疗之后，立刻就能拥有正常甚至完美的睡眠。

更重要的是，睡眠时间并不是衡量睡眠质量的必要指标。

很多人都认为，一个人每天的睡眠时间应该达到 8 小时才是正常的。事实并非如此，需要多少时间的睡眠，这个问题并没有定论，我们应该听从身体的实际需求。

那么，我们如何才能确定自己是否存在失眠问题呢？这其实很简单，我们可以从以下三种特征来看：

第一，夜里总是睡不着，并且这种情况每周至少会持续出现三次左右，而这种现象至少持续了一个月。

第二，自身感觉睡眠时间不够和睡眠质量不高。但需要注意的是，如果睡眠时间较短，但主观上并未感到精神不佳，那么，你很可能属于“短睡眠型”人群，而非失眠。

第三，由于睡眠不足，致使第二天出现注意力难以集中、记忆力衰退、工作效率低下以及情绪波动大等现象。

如果你并未出现这三种特征，那么恭喜你，即便你的睡眠时间少于 8 小时，你的睡眠质量也不会存在任何问题。毕竟影响睡眠的因素非常多，偶尔的夜晚难眠或早醒都是正常的，只要你的身体没有经常发出“发飘”“恍惚”等信号，就并不存在失眠问题。

值得庆幸的是，夏小雨在进行了一个月的尝试后，他的睡眠障碍问题明显得到了改善。虽然他依旧存在焦虑问题，比如考试之前仍然会出现失眠的状况，但相比此前已经取得了巨大的进步，学习、生活也逐渐步入正轨。

Part 2
精力过剩：年轻人，不要与自然规律作斗争

对于睡眠的无知，其实是对生命本质的懵懂。

年轻人不懂得动静相宜、张弛有度的道理，仗着精力旺盛与自然规律作斗争，终会自食恶果。

1. 李默然的话：我不困，睡觉就是浪费时间

我见过很多自称“不睡觉也不困”的人，但李默然是所有人中最夸张的一个。

李默然今年 16 岁，正是精力充沛、招人烦的年龄——这话不是我说的，是他父母说的。

每天晚上，李默然不过 12 点不睡觉，不是坐在客厅看电视，就是躲在书房里玩游戏。父母一开始还管着他，到了 10 点钟就强制性地关电视、关电脑，然后把他撵到床上去。

结果，父母后来发现，即便是把李默然撵到床上，他也不睡，拿着手机一玩就是半夜。如果手机被没收了，他就躺在床上干瞪眼，辗转反侧，还时不时穿着拖鞋踢踏踢踏地到客厅溜达一圈，不是喝水就是上厕所。

眼见实在管不了儿子，父母只好一面放宽政策，一面寻求方法。

这不，李默然的妈妈带着他找到了我。

我问李默然：“你晚上为什么睡不着呢？”

李默然说：“我不是睡不着，是我根本就不困。”

我问：“那你什么时候会感觉到困呢？”

李默然想了想，说：“一般过了半夜 12 点以后，我才感觉到困。”

你晚上为什么睡不着呢？
我不是睡不着，是压根就不困。
那你什么时候会感觉到困呢？
一般过了半夜12点才会感觉到困。
你这样不好，该睡的时候不睡，容易导致一系列的生理和心理上的问题！
学校高三的学生，每晚都学到一两点钟。我现在练习晚睡，是为以后做打算。
我要是天天早睡，到了高三肯定熬不住的，到时候不影响学习吗？
高考加油
你还没到高三，不确定熬夜读书对于你来说是不是有益，现在练习熬夜早了点吧？
怎么会没有好处呢？高三同学都是那样做的。
要是没好处，他们干吗那么折磨自己？
假设现在有两种方法。
一种是你可以通过高效方法，在不牺牲睡眠时间的前提下就能完成学习任务。
另一种是不讲方法，只是单纯去增加熬夜的时间来学习。
你会选哪一种呢？

我说：“你这种状态很不好，不能保证第二天上课会精力充沛，也容易导致一系列生理和心理上的问题……”

还没等我把话说全了，李默然就抢话道：“吴老师，你知道吗？我们学校高三的那帮学生，每天晚上都学到一两点钟。我现在‘练习’晚睡，就是厉兵秣马为以后做打算。你说我现在要是天天早睡，到了高三肯定熬不住，到时候不影响学习吗？妈，你觉得我说的有道理吗？”

李妈妈估计是没想到儿子居然会如此高瞻远瞩、用心良苦，马上流露出赞赏的表情，最后还怜爱地说：“我就是怕你搞坏了身体，这样时间长了对身体不好呀。”

说实话，我对于李默然的这套说辞持怀疑态度。暂且不说他是不是真的在为高三阶段的学习做准备，单论“高三一定要熬夜学习”这个观念，我就觉得有问题。

当然，我上高三的时候也这么干过，我想百分之八九十的学生都曾有过夜读的经历，多年以后可以回过头来想想：我为什么要牺牲休息时间来学习呢？这样做，学习效果真的好吗？

我觉得答案是否定的，最起码对于我而言是否定的。

回想当年，我之所以夜读，不是因为夜读的效果有多好，而是有自己的小心思。我属于脑子一蒙就啥事儿也干不成的那类人，大半夜昏昏沉沉地看着那些清醒时候都觉得枯燥乏味的知识点，学习效果可以说非常差。

有同学要问了，那你为什么还要夜读？

原因很简单，就是有百分之九十以上的同学都在“加班加点”地学习，我不想做那个异类分子——具体来说，就是不愿意在那种紧张的氛围中，让别人觉得我是个漫不经心、不思进取的人。

所以，当我夜读的时候，更多的是在摆姿态、做样子、迎合主流。现在想来，着实没有必要。

于是，我对李默然说：“你还没上高三，还不确定熬夜读书对你来说是不是有好处。所以，你现在就练习熬夜，早了点吧？”

李默然说：“怎么会没好处，高三的同学们都是那样做的。要是没好处，他们会这么折磨自己？”

我想了一下，提议道：“假设现在有两种方法，一种是你可以通过高效的方法，在不牺牲睡眠时间的前提下就能完成学业；另一种是不讲方法，只是单纯地去增加学习时间，你会选哪一种？”

我话音刚落，还没等李默然说话，李妈妈就开腔了：“话可不能这么说！高三学习可是一辈子的大事，就算是有什么高效的学习方法，那也得靠自己加倍努力才能考上好学校——努力是真理，无论什么时候都是不会错的。”

之前还为孩子熬夜而忧心忡忡的家长，现在居然为熬夜而辩护。由此可见，高考对于大家而言是多么重要，甚至可以让父母忽略对孩子身体健康的担忧。

我现在不仅要想办法说服李默然，同时还要说服他的母亲。于是，我对李妈妈说：“效率高、又肯花时间自然是好的，可人并不是机器，不能在连续工作的同时还能保持相对的高效。您想过没有，如果因为牺牲了睡眠时间而导致精神不振，从而影响了学习效率，

话可不能这么说！
李默然妈妈
高三学习是一辈子的大事，就算有高效的学习方法，那也得加倍努力才能考上好学校。努力是真理，这绝对不会错！
努力
效率高、又肯花时间自然是好的，可人不是机器，不能在连续工作的同时还能保持高效。如果因为牺牲睡眠时间导致了精神不振，从而影响了学习效率，是不是适得其反了呢？
擦汗
困
嗯……
听吴老师这么一说，也对。
你可千万不能因为睡不好而耽误了学习啊！
才不会，我熬夜时根本不困，干什么都有精神，怎么会影响学习效率呢？
唉，这孩子还是没有意识到问题所在啊！

是不是适得其反了呢？”

李妈妈沉默了一下，说道：“对对对，吴老师说得对。”然后，她又转头对儿子说，“你可千万不能因为睡不好觉而耽误了学习啊！”

李默然倒是乐观得很，说：“才不会呢。我熬夜的时候根本不困，干什么都特有精神，怎么会影响学习效率呢？”

话说到这里，我觉得如果没有一些特别有说服力的证据，恐怕改变不了李默然的观念。

于是，我从书架上拿出一本弗洛伊德的著作《少女杜拉的故事》，对李默然说：“既然你觉得熬夜不会影响自己的学习效率，那么咱们来做个测验。这本书的内容不是太多，我给你一个星期的时间去读完——记住，白天不要读，每天晚上 11 点过后再读。一个星期以后，咱们再来探讨一下这本书讲了什么故事，到时候也看看你到底能读进去多少。”

李默然看了看书皮，说：“这个作者我知道，是个心理学家，我怕看不懂这种心理学的书。”

我说：“没关系，这本书只讲述了一个案例，那些专业的分析你不用管，你只要搞明白案例的来龙去脉就好了。”

李默然说：“那我就当故事书看了。”

我点了点头，说道：“对，你就当成是看故事。今天咱们就聊到这里，下周咱们再接着聊。”

送走李默然后，我的思绪还停留在刚才聊的话题里。

咱们来做个测验。这本书，我给你一周时间去读完并记住。
白天不要读，晚上11点后再读。一周后，我们再探讨一下这本书讲了什么故事，也看看你能读进去多少。
《少女杜拉的故事》这种心理学的书，我怕看不懂。
没关系，这本书的专业分析你不用管，你只要搞明白案例的来龙去脉就好了。
那么，我就当成故事书看了！
对，你就当成是看故事。今天就聊到这儿，下周再接着聊。

现在很多媒体一提到高考，都会配一张“一名学生埋头在一人高的考题卷中间”之类的图片。

从心理学上讲，这是一种迎合观众刻板印象的宣传行为，而这种迎合行为，到最后又变成了推动这种行为的因素之一。所以，熬夜学习成了一种常态，学生失眠也因此变得非常普遍。

其实，不只有高考压力的中国学生面临着失眠问题，外国学生同样也会“睡不着”。

一项研究表明，在美国大约有四分之一的青少年表现出不同程度的入睡困难、再入睡困难及早醒等睡眠障碍，更有一半的大学生存在睡眠质量问题。

由此可见，学生睡不着这个问题普遍存在，也严重影响了他们的身心健康。但我之前从来没有针对学生进行睡眠干预的经验，这一次，我能不能帮助李默然改变晚睡的习惯呢？

这对于我而言是个挑战，不过也激发了我对此事的热情。

2. 看书与玩游戏会产生不同的放空状态

人到了青春期，都会经历一段身体激素剧烈变化的时期，他们必须通过某些调整来适应这种变化。这个时期的青少年心事重重，有强烈的独立欲望，性冲动也比较强烈。

这些原因都可能造成失眠。

除了日常学习，青少年往往不具备社会义务，因此，他们上床睡觉和起床的时间很不规律，尤其是在周末往往很晚才起床，从而进一步加剧了他们睡眠不健康的状况。

那么，李默然失眠的最主要原因又是什么呢？这是我首先要搞明白的问题。

一个星期后的周六那天，李默然再次来到我的办公室。

李默然的父母很热情地跟我打招呼，而李默然则看起来有些失落。我问他："怎么样，书看完了没有？"

李默然摇了摇头，说道："晚上看书头疼，特别困。"

李妈妈对我说："他啊，玩游戏玩一个晚上也精神着呢，看书10分钟就能睡着。也好，他这几天最起码睡得挺早。不过，你说这孩子上了高三，一看书就困，这样还能搞好学习吗？"

我对李妈妈说："学习也不见得非得晚上学，利用白天清醒的时候全身心地投入进去，比晚上迷迷糊糊的学习效果要好得多。"

李妈妈虽然点了点头，但嘴上却说："就怕其他的同学白天学晚上也学，我家孩子就白天学，到头来怕要落下不少功课。"

我对于李妈妈自认为的这种学习理论有点儿不理解，于是说："晚上好好睡觉，白天就会精力充沛，那才是实打实的学习时间。晚上睡不好觉，白天就会迷迷糊糊，学习效果肯定好不了。"

这个道理，其实我已经说过无数次，就是希望李妈妈不要执迷于延长学习时间这件事，这对于改善李默然的睡眠状况非常不利。

这一次，李妈妈好像被我说服了一些，没有提出反对意见。我

晚上看书的时候总感到头疼，整个人特别困。
你玩一晚游戏可精神了，一看书10分钟就睡着。这要是上了高三，还能搞好学习吗？
李默然妈妈
利用白天的时间全身心投入学习，比晚上糊里糊涂学习的效果要好得多。
李默然，你觉得呢？
嗯，确实……
可是我搞不懂，晚上我玩游戏不管多久都不觉得困，可一看书马上就困，为什么？
那是因为到了晚上，你本来就困想睡觉，跟看书没有关系。
游戏
困意
intel
晚上玩游戏的时候，你的眼睛紧盯屏幕，光线的照射让你受到强烈的外部刺激，大脑时刻保持兴奋状态，导致你感受不到困意，自然无法安然入眠。

转而对李默然说："你看，晚上不睡觉或者是处于深夜困顿期的时候，是会影响学习效率的，对吧？"

李默然点点头，说："嗯。可是有件事我搞不明白，晚上我玩游戏到多久都不会困，可要是看书马上就会困，这是为什么呢？"

还没等我说话，李爸爸开口打趣道："因为读书是梦开始的地方。"这话逗得在场的人都哈哈大笑起来。

笑过之后，气氛变得轻松了不少，我也趁着这段时间在脑子里组织了一下语言，说："从心理学的角度来看，当外部信息转化率偏低的时候，人就会逐渐进入放空状态，就容易犯困。"

我说完，大家都有些沉默。过了一会儿，李妈妈问："你说的这些话是啥意思？"

我意识到这段话对于他们而言有些不太容易懂，便解释道："有很多人认为，一读书就犯困是因为对读书没兴趣。但事实上，读书犯困最根本的原因是，你在读书的时候不能很好地把书里面的内容转化为自己的想法，所以表面上是在看书，但脑子其实转得很慢，这就是所谓的放空状态。人一放空，自然就容易犯困。"

李爸爸总结道："归根结底就是看不懂，看不懂的时候脑子就转不动，又没有其他的刺激点，所以容易睡着。吴老师，我是这样理解的，对不对？"

我点头说道："对，就是这个意思。"

李默然却不同意我的说法："不对吧？我看那本心理学的书是看不懂、想睡觉，可是晚上我看课本的时候，我完全看得懂却还是困。这又怎么解释呢？"

我说：“之所以如此，是因为到了晚上的时候，你本来就困了，想睡觉，跟看书无关。”

我刚说完这句话，李默然马上做出一副要反驳我的样子。我示意他别插话，让我先把话说完：“我知道你想说晚上你不困，玩游戏、看电影一点儿都不觉得困。但我想告诉你的是，你此时之所以不困，是因为受到了强烈的外部刺激，抑制了你的困意。

“另外，光线的刺激，也是你感觉不到困意的原因。当你看电影、玩游戏的时候，手机或电脑屏幕所放射出来的短波蓝光会刺激视神经，导致褪黑素分泌被抑制，体内没有足够的褪黑素，你就无法安然入眠。”

听到这里，李默然又问：“褪黑素是什么？”

我解释道：“褪黑素，就是每个人的身体里都会分泌出来的一种激素，对维持正常的睡眠、觉醒周期起主要作用。这种激素白天不分泌，随着夜晚光照强度下降而开始分泌。体内累积了足够的褪黑素之后，人就会变得特别想睡觉。

“晚上的时候，由于你眼睛盯着高亮度的屏幕看，所以影响了褪黑素的分泌，导致的后果就是你不困或睡不着。

“而且，褪黑素分泌不足，即便最后你睡着了，也始终处于浅睡眠的状态，你的大脑得不到很好的休息。短时间来看，这会造成你精神不振；时间长了的话，可能会影响生长发育或思维敏捷性。”

李默然非常吃惊地问：“这么严重？那就是说，不睡觉还会得痴呆症？”

我点了点头：“有这种可能。”

听了我的话，李爸爸接话道：“没想到睡个觉还有这么多门道，怪不得晚上我看完电视都得过好一会儿才能睡着。李默然，你以后不许躺床上玩手机了，知道不？”

李默然面露难色，但还是“嗯”了一声。

其实，我知道，对于这么大的孩子而言，新媒体信息和同学间时刻联系的需求都是极度旺盛的。他们不愿意放下手里的手机，总是希望时刻与外界保持联系，这也是他们失眠的一个重要原因。

于是，我对李默然说：“你知不知道，现在很多人都患上了一种‘手机依赖症’？”

李默然说：“看个手机还能得上病，不至于吧？”

我说：“既然你觉得手机依赖没什么大不了的，那我对你有个要求，就是从今天开始，你不许带手机上床睡觉，能不能做到？”

李默然狡辩道：“可是我要用手机定闹钟啊，要不然早上怎么醒来？”

还没等我说话，李妈妈就说：“待会儿我就去超市给你买只闹钟。”

李默然有些无奈，只好说：“那好吧。”

我对李默然说：“一开始呢，你肯定会觉得不看手机更加睡不着了，失眠问题可能会更严重。但是我告诉你，并不是因为不看手机才睡不着，而是因为对手机的依赖心理让你睡不着。所以，你只要坚持几天，就肯定能睡得好。

“另外，从今天起，你睡觉的时间不能超过……嗯，就10点半，10点半之前必须睡觉。而且，睡觉前的半小时不许看电脑、不许玩游戏，能做到吗？”

李默然非常不情愿地说：“这也太过分了吧？”

我说：“你觉得过分，可大部分人都是这么健康生活的啊，反倒你之前的种种习惯是不好的。”

李妈妈说：“就这么办，我负责监督，从今天开始执行！”

我点点头，说：“那好，李默然先按照这个方法坚持一段时间，看看效果怎么样再谈下一步。”

3. 手机依赖的种种弊端

关于“手机依赖”的负面问题，不仅孩子如此，大人也一样，甚至更严重。

每天，我会拿出一点儿时间来刷刷朋友圈。在这个过程中，我发现很多人半夜三四点的时候还在朋友圈里发消息，而且信息下面还总会有人及时评论。

你可以想象一下：夜深人静，某人手持手机躺在床上，周遭寂静无声，孤独在空旷黑暗中被无限放大，于是萌生了对于人生的感慨，就凝结成文字发到朋友圈里。

不多时，手机一阵振动，有人评论了！

两个深夜未眠之人顿感惺惺相惜，便欢乐聊天至更晚的时间，深感欣慰……但睡眠，也就这样悄悄地溜走了。

如果人不用睡觉就好了，我就可以有更多的时间去努力工作和学习，以获得更高的成就。
那可不对，即便不睡觉，人在夜里的大部分时间还是会被一些可有可无或有害无益的夜生活占据。
比如，邀请朋友去喝酒撸串。
约上闺密去看夜场电影。
或者是去酒吧狂欢。
随着科技的飞速发展，智能手机出现在大众的视野里，曾经的夜生活娱乐方式就发生了改变。
早先的夜生活，需要人去付出一些“劳动”。而现在，躺在床上抱着手机刷朋友圈、网购，变成了许多人虚度长夜的手段。
安逸~
对于睡眠而言，手机可以算得上是我们的共同敌人。
所以，我们一定要对手机说“不”，保持良好的夜间睡眠习惯。
NO!!
!

以上情境可能在很多人身上都曾发生过，我们在做一些让自己愉悦的事情时，很容易牺牲掉睡眠时间。

久而久之，睡眠似乎成了一种负担。

有的来访者甚至对我说："如果人不用睡觉就好了。"也有人幻想：如果我不用睡觉，那么就可以有更多的时间去工作和学习，以获得更高的成就。

事实上，即便是不睡觉，我们在夜里也很少会做更有意义的事情，大部分时间还是被可有可无甚至是有害无益的夜生活占据了——邀约几个朋友喝酒撸串、与闺密观看夜场电影、酒吧狂欢……

自从智能手机出现，这种情形变得更加普遍。早先的夜生活还需要你走出去、动起来，要付出一些"劳动"；而现在，躺在床上抱着手机刷微博、刷朋友圈、网购，这些居然成为许多人虚度长夜的手段。

其实，这些事没那么有趣，但就是有人愿意在无聊的荒漠中寻找一点点可能会出现的绿洲。

对于睡眠而言，手机可以算得上是每个人的敌人。我曾经对许多人描述过睡前看手机的坏处，现在，我把这些坏处再复述一遍。

看手机容易失眠，这是一个恶性循环：看手机——失眠——接着看手机——失眠得更厉害。

其实，失眠并不是长时间看手机所造成的最严重后果，它的危害还包括：

首先，是手机对眼睛的影响。

晚上看手机的时候，往往外部光线比较弱，手机屏幕的光线较之更强。这会造成眼部肌肉疲劳，影响眼球的聚焦能力，最终导致视力模糊。

据不完全统计，每天晚上睡觉以前看手机超过半小时的人，90% 以上都是近视眼。而且，由于我们在床上看手机经常是侧躺着的，此时，我们两只眼睛所受到的压力是不一样的，很容易导致视觉偏差。

只要我们躺在床上看手机的时间超过一个月，就会导致视力偏差。具体的感觉就是，眼睛会出现膨胀感，有时候会出现瞬间的影像重叠。

某健康杂志上的一篇文章里讲道：人们通过手机阅读文本信息或上网时，眼睛会比手里拿着一本书或一张报纸离得更近，这意味着眼睛聚焦手机的图文更费劲，长时间使用手机浏览网页会导致眼睛干涩。此外，还更容易导致头痛和双眼疲劳等问题。

除了眼睛之外，骨骼也会受到影响。常在夜里看手机的人肯定会有这样的体会：保持一个舒服的睡姿看手机，手臂肯定举得特别高，时间长了手就会累。而如果把手放到一个舒服的位置，看手机的时候脖子肯定是扭着的。久而久之，使得人体颈部处于慢性充血状态，最终压迫椎动脉诱发颈椎病，造成慢性劳损。

其次，经常性手机不离手，会削减思维敏捷度。

也许你可能会在微信朋友圈里或者是在 QQ 空间里经常看到相关文章，文章大意是告诉大家一个事实：“手机辐射很严重，会杀死脑细胞。脑细胞死了，智商就低了。”

我虽然认同经常抱着手机看会影响一个人的思维能力，但对于“手机辐射杀死脑细胞”这类论调并不相信，因为它缺乏科学的验证。我之所以认为手机不离手确实会影响思维敏捷性，是从心理学的角度加以考量的——对于手机过度依赖的人，往往把手机当成了自己的第二大脑。

确实，智能手机开始充当我们生活上的助手，我们可以通过它查找信息、记录信息，甚至发现观点。

这些事情原本是需要我们亲自去做的，但是我们却更多地交给了手机来帮忙。如此一来，我们主动思考的机会更加少了，思考能力随之下降。

除此之外，手机的过度使用会让人陷入一种持续的“多任务”状态，甚至会让人患上类似“注意力障碍”的心理问题。在这种情况下，人的注意力受到严重影响，思维不断被打断，这大大削减了思考能力，让思维变得难以深入。

这些观点并不是我信口开河，因为国外进行过相关实证，结论是——经常使用智能手机的人，比不使用智能手机的人更加依赖直觉去观察世界，使得他们的理性程度降低了。

而且，我认为晚上睡觉前看手机，可能比白天看手机对健康更加不利。因为对于大部分人而言，睡觉以前可能会回想一下白天发生的事情，想一想其中的道理。可以说，这段时间是一个非常好的思考时间，如果我们把这个时间用来看手机，那么思考时间也就不存在了。

古人曾说“吾日三省吾身”，要是因为手机的存在而让我们失去了自省的机会，我们岂不是愈加浑浑噩噩、虚度整日？

关于手机的坏处，我之所以写了这么多，一是因为这些坏处确实客观存在；二是如我之前所说，手机对我的工作也造成了诸多不利影响。

有很多来访者的问题本来并不严重，只要按照我说的方法严格去执行，改善睡眠质量指日可待。但就是因为戒不了晚上看手机这个习惯，我不得不加倍努力才能帮助到他们。

针对这些问题，我对手机其实是有“怨气”的。而且，就目前李默然的情况而言，我最担心的也是手机问题。所以，在我第三次见李默然之前，我给李妈妈打了个电话，问：“李默然这几天睡得好吗？”

李妈妈说：“好多了，我觉得挺好的。”

我又问：“他睡觉以前不看手机了吧？”

李妈妈说：“开始几天他老想看，我不让他看，还半夜起来悄悄查看。被我逮住几次之后，每天到睡觉的时候，我就把他的手机没收藏起来。现在他断了念想，每天都乖乖睡觉，挺好的。”

我有些欣慰地说：“那就好，过几天我和李默然再见一次。”

李妈妈说：“好啊！定好时间，我们准时赴约。”

4. 假意睡眠，小情绪下的悲伤

在我得知李默然的睡眠状况得到改善后，等待第三次和李默然见面时，我的心情很是轻松。但是，当李默然再次来到我的办公室时，我才发现事情可能没有李妈妈描述的那般乐观。

据说，那些资历很深的汽车维修人员，只要听到汽车启动之后的声音，就可以大体判断车况是否正常；那些在超市有丰富工作经验的售货员，抓起一把糖果就能大约估出重量。

同样，做个人情绪与睡眠障碍分析这个工作时间久了，有时候我一眼就能看得出一个人的身体状况、睡眠质量。在我看来，李默然的睡眠问题似乎并未改善太多。

我正疑虑间，李妈妈热情地对我说："多亏了你吴老师，我们家李默然最近睡得好多了，每天他准时睡觉、准时起床，生活很规律。"

我只能顺着她的话说："嗯，这是好事。"说完这句话，我把目光投向李默然，他低着头没有说话。

为了表达对我的谢意，李妈妈又说了很多感谢的话。我只好敷衍着说些谦虚的话，心里却在想：李默然，现在究竟是什么状况呢？

于是，我提议说：“让李默然和我去楼下走走吧，我和他单独沟通一下。”

“也好，我们先回去了，你们出去转转吧！”

我和李默然从办公室出来，他埋头走路，不发一言。我也在想着如何开口问他问题。

我们又走了一段路，我才开口问道：“李默然，其实你晚上还是睡不着，对吧？”

李默然吃惊地看着我：“您怎么知道？”

我说：“先别管我怎么知道的，我说得对不对？”

李默然点点头，语气有些沉重地说道：“这几天晚上，我很早就上床，也没有看手机，但还是睡不着。我知道我妈会来观察我，所以听到她过来的时候，我就假装睡着了。”

我问：“那你睡不着的时候，在想什么呢？”

“什么都想。”李默然摇摇头，苦笑了一下，“有些事情越想越兴奋，有些事情越想越愁。但不管怎么样，我就是睡不着。”

我看着李默然，脑子里却满是十六七岁时的自己。

很多大人会觉得：一个十六七岁的孩子吃得好、穿得好，也不缺零花钱，只要把学习成绩搞上去就行了，剩下的都是些“小事”，有什么好忧愁的呢？

事实上，这世界上的小事有不少，但没有“小情绪”。一个5岁孩子丢了他最喜欢的玩具所感受到的悲伤，不比一个50岁的人赔掉了自己所有家产所感受到的悲伤少多少。

我现在也终于明白，李默然睡不着觉的原因很可能跟他的情绪与焦虑有关。

我对李默然说："我得向你道歉。"

李默然有点儿发蒙，问："您道什么歉？"

我说："我之前简单地认为，你睡不着只不过是因为贪玩，晚上过于兴奋所导致的。但是实际上，你有心事，这件事困扰着你，让你夜不能寐。

"为了让自己不去过多地想心事，你选择用玩手机、玩游戏来转移注意力，这虽然让你暂时解脱了，但是你的失眠问题也因此更加严重了。我说得对吗？"

李默然一开始不置可否，想了一会儿后，才点了点头说："您说得好像有点儿道理。"

我赶紧问道："那你能不能告诉我，你的心事究竟是什么呢？"

李默然看了看我，慢吞吞地说："我说了您也不会懂的，可能还会笑话我幼稚，您就别问了。不过我想问问您，一个人怎样才能不会有烦恼，怎样才能总是开心呢？"

我笑了，对李默然说："人怎么可能没有烦心事呢？谁都会有点儿负面情绪，这是很正常的现象。"

李默然的神色一下子暗淡了很多，说："可是这件事给我造成了很大的影响，我都不知道该怎么办了。"

我说："你有没有想过，你的情绪之所以不好，一方面可能是因为这件事本身的影响，而另一方面也可能跟你睡眠不足有关系。"

李默然很吃惊地问："真的？睡不着觉和情绪之间也会有什么

关联吗？”

我点点头，说：“很简单，你因为有心事睡不着，到最后睡不着也成了你的心事，这叫睡眠焦虑症。”

所谓睡眠焦虑症，就是由于担心自己睡不着所引发的一种焦虑症。由于之前的失眠经历，对睡眠产生了焦虑不安的感觉，害怕自己又会失眠而影响第二天的精神，越担心越无法入睡。如此循环，就容易引发睡眠焦虑症。

而且，人一旦患上睡眠焦虑症，往往会导致认知障碍——简单来说，就是原本很容易想开的事情，突然想不开了，成了心里头的疙瘩。李默然的状况恰是如此。

听了我的话，李默然显得有些紧张，问：“这么说，我还得了焦虑症？”

我赶紧解释道：“别担心，没有那么严重。其实，在生活里，每三个人中就有一个人会有焦虑症的表现。不过，适度的焦虑感还能激发自身的潜能，有助于迎接挑战，因此我们要时常注意调整自己的情绪。对于你来讲，首要问题就是打开心结，那么一切问题都会迎刃而解。”

李默然迟疑了一下，问：“那……我怎么解开呢？”

我说：“从睡眠入手。我知道你现在有心事、睡不着，那好，我要你每天睡觉之前问自己三个问题：第一，是什么事让自己感觉今晚肯定又会失眠？第二，这件事值不值得自己牺牲睡眠的时间，甚至牺牲自己的身体健康去想它呢？第三，明天我该怎么做呢？

“把这三个问题的答案想明白之后，其他的，你爱想什么就想什么，爱想到什么时候就想到什么时候，也不要强迫自己到了几点必须要睡着。你就告诉自己：我困了，自然就睡着了。这期间，你也不要看时间，好不好？”

李默然说：“好吧。还有一件小事要麻烦您，既然我睡不着和手机没关系，您能不能跟我妈说说，不要再没收我的手机了。”

我说：“你还是念念不忘手机的事儿！我说你失眠的主要原因是心里有事，可没说与看手机一点儿关系也没有。实际上，只有放下手机，断掉和外界无时无刻不在的联系，才能直面自己的内心，你说对不对？”

李默然无奈地说：“好吧，反正怎么说，都是您有道理。”

李默然离开时，我没有跟他的父母讲李默然的真实情况，因为我觉得他父母如果介入的话，反倒会给李默然更多的压力。要知道，有时候家长那种“无孔不入”的关怀对于孩子而言未必是好事儿——让他自己去想问题，自己去调整，或许会有更好的效果。

希望如此吧！

之后，我又给李默然打了个电话，叮嘱他：

在上床睡觉之前，可以考虑到楼下活动活动，但不要太剧烈，慢跑或者快走 500 米就行；睡前用热水泡泡脚，让自己放松下来；睡前不要喝碳酸饮料，因为碳酸饮料含糖量高而且容易吸收，喝了之后人体的血糖会马上升高，影响睡眠质量，有部分碳酸饮料里面含有的少量咖啡因会使人兴奋，更让人睡不着了。

通过一段时间的接触，李默然对我的建议也比较认可，就很爽快地答应了。

5. 被大部分人遗忘的环境因素

我希望李默然能在上床之后的90分钟之内睡着。这个要求其实并不高，但也是很多失眠者难以逾越的一道障碍。

有轻微失眠经历的读者可以回想一下，如果你晚上10点半感觉有点儿困了，上床之后可能由于种种原因没有睡着，那么，你最后可能在几点钟入睡？ 12点左右才入睡，对不对?

假如你12点还没睡着，那可能要等到1点多或到了2点才睡得着，轻度失眠就这样变成了重度失眠。你发现没有，从10点半到12点，然后从12点到1点多，每一个“睡眠节点”之间的间隔差不多都是90分钟。

为什么是90分钟?

因为，90分钟是我们的一个睡眠周期。

我们的睡眠过程不是线性的，而是阶段性的——即便是我们已经睡着了，睡眠周期依然存在。

一般来说，我们一次睡眠的时间是五个90分钟，在睡着之后的前两个90分钟，我们会进入深度睡眠状态。

到了第三个睡眠周期，则进入浅睡眠状态。对于一般人而言，这个周期应该在 2 点到 3 点这段时间——大家回想一下，大部分有起夜习惯的人，是不是会在这个时候醒来一下呢？

到了后面的两个睡眠周期，我们又进入深度睡眠的状态，直至自然醒来。

如果把每一个 90 分钟的周期拿出来单独观察的话，我们会发现，每一个睡眠周期，其实都是一个从浅睡眠到深睡眠、再到浅睡眠的过程。

而且，在我们清醒的时候，也会受到这个周期的影响——每过 90 分钟，我们会进入一个注意力下降、能量不足的状态中。如此，我们在白天工作的时候，这个状态是不利的，但是在夜晚时分，这种状态有助于我们顺利入眠。

这就是我希望李默然能在上床之后 90 分钟内睡着的缘故，因为在这 90 分钟之内，他必然会迎来一个睡眠周期，有助于入眠。如果错过了这个周期，很可能要等到下一个周期才能睡着。

其实，对于李默然这样有睡眠焦虑的人而言，每一次成功的睡眠都有助于加强他的“睡眠信心”。如果在一周时间里，他都能顺利入眠，那么他的睡眠焦虑症可不攻自破，这也是我所乐见的。

对于大部分人而言，在 90 分钟周期的开始都应该能轻松入睡。当我们进入到第一个睡眠周期之后，肌肉会放松，眼球不自觉地在眼皮底下溜溜转，那可能是我们在做梦。

但是，当我们带着太多的心事和焦虑入睡，就会陷入一种半睡半醒的状态。

此时，大脑在意识的边缘徘徊，脑中会浮现出一些支离破碎的影像，甚至会陷入噩梦中（这里说的噩梦，并非单纯指可怕的梦，也包括那些给人带来紧张、悲伤等消极情绪的梦境），这会令我们产生“我要赶紧从睡梦中解脱，回到现实世界”的冲动，无疑会对我们的睡眠造成不利影响。

这也是我让李默然在睡觉之前问自己三个问题的原因——就是希望他能把现实中的问题留给现实，不要带到睡梦中去。

事实上，每一个拥有安稳睡眠的人都是幸运的。据统计，只有大概 20% 的人能享受到充分、健康、能完全恢复精力的睡眠。

如果想知道自己是否属于那 20% 的幸运儿，我们可以通过一个测试来得出答案。

第一个问题：入睡所需要花费的时间。

1. 躺下就能睡着。

2. 超过 30 分钟才能睡着。

3. 晚上必须超过 12 点才能睡着。

4.（老年人）需要 40 分钟以上的入睡时间。

第二个问题：夜间醒来状况。

1. 从来不醒，一觉睡到天亮。

2. 会醒，但在 5 分钟之内可以再度睡着。

3. 醒来的时间超过 5 分钟。

4. 夜里醒来的时间超过 40 分钟。

第三个问题：会不会出现早醒的状况。

1. 从来不早醒。

2. 有时候会比平时早醒半小时到 1 小时。

3. 有时候会比平时早醒一个多小时。

4. 从来不早醒，因为后半夜基本上睡不着。

第四个问题：睡得有多深。

1. 很难叫醒。

2. 容易被异响惊醒。

3. 整晚都在做梦，而且对周围的环境非常敏感。

4. 总是处于半睡半醒的状态中。

第五个问题：做梦的情况。

1. 可能做梦了，也可能没做梦，记不起来。

2. 可以清醒地记住自己做的梦。

第六个问题：白天的情绪状态。

1. 情绪稳定。

2. 急躁，易怒。

3. 经常性的情绪低落。

上面六个问题，每个问题的答案分值按照0、1、2、3的顺序排列（第一个答案都是0分，最后一个答案都是3分），如果你的分数超过5分，那就证明你的睡眠状况存在问题；分数超过10分，则证明你有严重的睡眠障碍问题。

我让很多人做过这个测试，低于5分的人连10%都不到，这个结果一度让我很难受。

大部分人之所以不能获得良好的睡眠，原因是多种多样的。每个人的原因各有不同，需要具体分析，咱们就不在此展开讨论了，现在我来说一说那些影响睡眠的外部因素。

第一个因素是温度。

有关人员做过睡眠实验，最后证明最适合睡眠的温度是16℃。如果温度超过24℃，就会影响到我们的睡眠了。

由此可见，我们对于健康睡眠时的环境温度是有要求的，但是南北方地理差距产生了不同的气候，很难保持适宜睡眠的温度。还好，现在每家每户基本上都安装了空调，即便是在酷热的夏天或者寒冷的冬天，都可以让我们获得一个比较舒适的睡眠环境。

第二个因素是环境。

我们睡觉的时候需要比较安静的环境，但是也不能说绝对没有声音——如果我们身处的环境异常安静，反而不太容易睡着。

不知道大家有没有这样的体验——下雨天，窗外传来淅淅沥沥的雨声，我们反倒更容易睡着。

真正对睡眠质量造成影响的声音有两种：一种是持续的但没有节奏感的声音；另一种是突如其来的巨大声响。

在我们睡觉的时候，大脑中接收声音的中枢依然处于工作状态。不过，此时大脑会“屏蔽”掉一部分声音信号的接收，所以，有时候我们会感觉睡着了就什么也听不到了。但是，对于那些属于“红色警告”的声音，大脑是不会屏蔽的，这也是人类天生拥有的一种自我保护机制。

我们可以想象这样的一个场景：一位年轻母亲在白天劳累了一天，睡着了，对于一般性的声音充耳不闻。但是，只要她的孩子发出一丝细微的呢喃，她就会马上醒来。

为什么这位母亲“听不到”较大的声音，当孩子发出了微小声音却能惊醒她呢？这是因为，孩子的声音对于母亲而言属于“红色警告”。

写至此处，我不由得赞叹母爱的伟大。

言归正传，对于每个人来讲，属于“红色警告”的声音各有不同：敏感、危机意识强的人，可能会被很多种声音所惊醒；而神经大条、很有安全感的人，则不会被声音轻易惊醒。

所以，有的时候，“没心没肺”的人往往睡眠质量要好一些，敏感脆弱的人更容易睡不踏实。

很多女性朋友可能会有这样的体会——独居时往往睡不踏实，有点儿响动就会惊醒，而结婚后这种状况会不治而愈。之所以如此，就是因为枕边人给她带来了安全感。

我们需要良好的睡眠环境，不必绝对安静，但是要杜绝突发的各种杂音和那些容易让人感到不安的声音——比如，疾驰而过的汽车声、装修时电钻发出的尖锐响声等。

第三个因素是床的舒适度。

说来有趣，我对许多来访者提出的第一条建议就是——请及时更换一张更加舒服的床。

我之所以提这个建议，一方面，是因为床的舒适度确实和睡眠质量成正比；另一方面，这其实也是一种心理暗示，能让来访者做出一些有益的改变——他们会认为这种改变足以扭转现状，让他们在心理上获得信心。

无论怎么说，舒适的一张床都是良好睡眠的载体，包括床铺高低、床垫软硬度与使用时长，都关乎睡眠质量。

有人问我："我们家的床很贵，应该不会有啥问题吧？"

我反问："你家的床用了多少年？"

对方想了一下，回答："有 10 年了。"我对他说："你还是换了吧，再贵的床睡了 10 年，质量也下降了。"

要知道，每天睡觉的时候，我们出的汗大概能装满一个正常大小的杯子，而我们每年脱落的皮屑也有将近 1 斤。这些物质有一部分会残留在床上，10 年时间，足以导致床的质量大幅下降。

可能有人又会说了："我没感觉到床的质量下降了啊，睡起来跟 10 年前一样。"

这是错误的想法。就如同家里养了 3 年的那盆花，你每天观察它，就感觉它和之前没什么区别。但实际上，花每天都在生长，如果你没有修剪的话，3 年时间其实已经长高了不少。

床也一样。你每天都要睡觉，自然感觉不到床正在发生的微小变化，但 10 年下来，它确实已经老化了。所以，即便忽略心理暗示的作用，换一张舒适的床也是很关键的。

6. 别看时间，让焦虑飞远一点儿

我第四次再见到李默然，距离上次与他沟通谈话已经过去了一个月。

之前，李默然的父母认为儿子已经纠正好了睡眠习惯，总想再来办公室拜访我，或是邀请我去他们家做客。我只说最近比较忙，改天再约。

其实，我不见他们并不是因为忙，而是我希望可以多给李默然一点儿时间，看看他能不能依靠自己的毅力摆脱眼前的小困境。

周末，李默然一家再次来到办公室，我站在门口迎接他们。李妈妈笑着说："约了你好几次，今天终于有空了。"大家坐下之后，我跟李妈妈寒暄了一阵，然后问李默然："最近你感觉怎么样？"

李默然笑着说："挺好，睡得挺好。"

李妈妈说："可不是，现在他睡得太好了，早上还不愿意早起呢，一天恨不得能睡上 10 个小时。"

我想，这可能是李默然恢复正常睡眠之后的“补觉反应”，只要不持续太长时间，就没有什么副作用。我对李妈妈说：“这也是正常的，让李默然多睡一会儿也行。”

李妈妈又说：“这段时间里，我觉得李默然的气色好了不少。之前他老那样熬夜，我也没觉得他的气色有什么不对，现在他睡觉正常了、身体恢复了，才知道之前那气色是真不好。”

我们都喜欢把“气色”二字挂在嘴边，其实，这是个中医的概念。

所谓气色好，指的是从外表来看一个人：肤色通透、匀称、润泽，毛发也旺盛、乌亮有光泽。

中医理论说，要想气色好，就必须“气血协调、五脏安和”。如果从西医角度来解释的话，这两个词指的就是身体里清洁无毒素、内分泌正常。

其实，气色不好也分很多种。

脸色苍白：中医认为这属于气血虚的表现，用西医的话来讲就是贫血。

脸色乌青：这往往是循环不畅导致的。

脸色蜡黄：这是因为缺乏营养。

脸色灰暗：这是因为身体内代谢废物堆积过多。

……

对于失眠者而言，他们所面临的最大问题，就是身体机能紊乱导致代谢物在身体里大量堆积。所以，失眠者的脸色一般会显得有些晦暗，气色自然好不了。

之前我说过，一开始我看到李默然就知道他的睡眠质量有问题，我这么说有一个很重要的原因，就是我看到他的气色确实不好。现在他摆脱了这个问题，气色自然也就变得好了很多。

李妈妈看了下时间，起身说要去逛逛超市，留下我和李默然单聊。我先开口问他："确实能睡着了吗？"

李默然点点头，说："真能睡着了。一开始的头几天，我还是睡不着，但是您跟我说过睡不着就睡不着，别看时间，什么时候睡着都行。我还想：这算什么改善睡眠的方法，这不是放任自流吗？没想到这效果还真挺好，我不知道时间，反而觉得自己困得更快了，更容易睡着了。"

我点点头，说："确实是这样。对于有睡眠焦虑的人而言，经常会有这样的感觉，一看时间已经 11 点半了，心里有些着急，暗暗下决心要在 12 点之前必须睡着。他努力进入睡眠状态，结果到 12 点了还是没有睡着。这时候，他的信心就有些动摇，觉得自己怎么努力都不可能睡着了，导致心里更加焦虑，也就更难以入睡了。

"其实，不只是睡觉，我们做任何事情都是这样，一次一次的失败会摧毁我们的信心，让我们觉得以后做什么事也做不成了。等我们放下所谓的成功或失败，不管结果而专注于过程的时候，反而容易成事。"

李默然看着我，郑重其事地点点头，说："您说的话，我记住了。"

我真的能睡着了！
您教的方法真管用！
我按照您说的："睡不着也别看时间，什么时候睡着都行。"
ZZZ
没想到效果挺好。不知道时间，我反而觉得自己困得更快，更容易睡着了。
快睡觉……快睡觉……
不让看时间，是治疗你的睡眠焦虑。
睡不着啊！
有睡眠焦虑的人想努力进入睡眠状态，结果到很晚都没睡着。他会觉得无论怎么努力都不可能睡着了，心里头更加焦虑，也就更难以入睡。
今天有什么事情让我感觉会失眠？
明天我要如何面对这件事？
我要怎么做才是对的？
这是您教的"三问法"。
ZZZ
问完后，我就想，既然知道明天该怎么做了，现在就没必要想太多。这时候我就困了，睡得特别快。
记住，不管碰到怎样棘手的事情，都要去理性思考，别被客观事物扰乱心神，搞得夜不能寐。
我明白了。

我问：“我观察你之前有心事睡不着，现在还有吗？”

李默然说：“我按照您说的方法做，睡觉之前问自己三个问题：是什么事让我感觉今天肯定又会失眠？肯定就是那件事啦！然后再问这件事值不值得我浪费睡眠的时间，甚至牺牲自己的身体健康去想它——说实在的，我也不知道，我觉得这件事对自己确实很重要。不过，我有大把时间去想这件事，也不必说就非得熬夜想，对不对？最后，再问明天我该怎么做？我就开始想，明天我要如何面对这件事，然后怎么做才是对的。

“想完这些之后，我突然觉得没什么好想的了，既然都知道明天该怎么做了，想那么多不如去做。这时候，我就感觉困了，睡得特别快。”

听完李默然的话，我很高兴。他是个聪明的孩子，之前不过是钻牛角尖了，只要对他稍加点拨，他就可以理性地去思考问题——解开自己心里的疙瘩，睡眠问题也就随之消失。

我对李默然说：“我知道眼下这件心事对你来说很重要也很棘手，但是我要提醒你，以后你可能会碰到比它更棘手的事情。但无论遇到什么事，你都要记住——理性思考，别被客观事物扰乱了心神，搞得夜不能寐，那不是聪明的做法。”

李默然点点头，说：“我明白。”

那天，我看着李默然离开的时候，我的心情很不错。

回想起这段时间我和李默然接触的过程，从一开始他不信任、不配合，到最后对我敞开心扉，并最终解决了困扰他自己的一些问题，这让我感到很有成就感。因为我知道，要让一个处于叛逆期的孩子相信你，这并不是一件容易的事情，我自认为这一次我做得还不错。

说起叛逆期的青少年，这个年龄段的孩子其实也属于比较容易产生睡眠问题的人群。

可能大部分人不知道，我们的身体在十七八岁的时候就发育成熟了，但目前大多数脑科学研究认为，人类的大脑大约在25岁完成发育，并不意味着大脑到了25岁就停止发育和成熟。所以，我们在拥有成年人身体的时候，大脑可能还是青少年的大脑。

青少年最大的特点就是叛逆、爱冒险，也爱做一些出格的事情，不会过多地考虑责任。这并不单纯是心理问题，也是生理问题，因为这个与我们大脑的发育模式有关。

其实，这也是青少年失眠的一个原因——他们太喜欢刺激的事情，但睡眠这件事情显然是不刺激的。由于缺乏理智的约束，他们便会肆意地挥霍睡眠时间，从而造成了失眠。

因此，在面对青少年的心理问题——主要是睡眠问题时，我们不能按照成年人的那一套行事方式来，一定要从青少年本身的特点出发，才能更好地帮到他们。

青少年失眠的另一个原因就是焦虑——具体来说，就是不被认可的焦虑。

有些家长虽然在物质生活上极大地满足了孩子，但往往漠视了孩子的情感表达和情感诉求。孩子心里的焦虑没有释放出口，就会产生许多问题，失眠只不过是其中的一种症状罢了。

那天，我看着李默然离开的时候，我的心情很不错。
拜拜~
再见~
青春期
要想让一个正处于叛逆期的孩子相信你，并不是一件容易的事情。
李默然一开始并不信任我，也不愿意配合我的心理治疗。
不过，最后他对我敞开心扉，并最终解决了困扰他的问题。这让我很有成就感。
说起叛逆期的青少年，他们最大的特点就是喜欢反着干、爱冒险，做一些出格的事情，不会过多考虑责任。
这并不单纯是心理问题，也有大脑发育的问题。
人的身体发育成熟大概是在18岁，但大脑发育成熟要等到25岁左右。
我们拥有成年人身体时，大脑可能还是青少年的思维。
青少年喜欢刺激的事情，而睡眠显然是不刺激的。于是，他们便肆意地挥霍睡眠时间进行娱乐，从而造成了现在的失眠现状。
到睡觉点了……
困意
走开！我不困！
家长面对孩子的心理问题时，不能按照成年人那一套来，一定要从青少年本身的特点出发，才能真正帮到他们。
有啥焦虑，跟爸说说。

当孩子因为焦虑而睡不着的时候，家长会武断地认为：“这么大的孩子会有啥心事，还能愁得睡不着？肯定是因为就想着玩才不愿意睡的。”于是，家长不会主动去疏导孩子的焦虑，反而会因为武断地下结论而伤害到孩子的情感，这会让他们更加焦虑，更加睡不好。

现在，读到这本书的如果是一位家长，当您的孩子偶尔会失眠时，请您心平气和地站在平等的地位上去和孩子交流一下，问问他心中的真实感受。

从刚出生的婴儿成长到青少年，他们的内心世界是丰富的，但有时候也很脆弱——他们想的事情可能很简单，但是情绪的激烈程度一点儿也不比成年人小。

记住这一点，不仅能避免孩子失眠的问题，还可以避免其他发生在青少年身上的心理问题。

切记！切记！

Part 3

自我状态：你不是天生懒惰，要学会管理压力与情绪

任何时候都不要轻易否认自己，很多时候，我们所承担的东西甚至比自己预想中的还要多。遇到问题时，我们要学会从自己身上找原因，但也绝不能糊里糊涂地自怨自艾，把自己一棒子给打死！

1. 刘桐的话：其实我知道，因为我太懒了

不得不说，睡眠真是一件神奇的事情！

在快节奏的现代生活压力下，人们面临着各种各样的情绪问题。当很多人因无法入睡而焦虑不安时，却也有一部分人因为嗜睡而困扰不已，比如我的一位咨询者刘桐。

刘桐是刘菲的弟弟，我也是无意中认识了刘菲。

当时，我参加那个聚会完全是被朋友拉去凑人数的。刘菲是聚会上最漂亮的女孩子，某时尚杂志的记者，当听说了我的职业之后，她就主动坐到我身边，拉着我问东问西，似乎对心理学十分有兴趣。

我们聊了很久，最后问题集中在她的弟弟刘桐身上。

刘桐今年 25 岁，大学毕业刚参加工作不久。据刘菲描述，刘桐是个非常喜欢睡觉的人，似乎永远都睡不够。

刘菲本来是想咨询我是否有什么办法，比如催眠、心理暗示之类的来改善一下她弟弟的“懒”毛病，但最后，我们的谈话却从轻松的调侃变得越来越严肃。

现在，睡眠质量的重要性已经被人们所熟知，很多人对失眠问题都能引起足够的重视。然而对于嗜睡问题，人们却往往容易忽略，总以为嗜睡就是因为“爱睡觉”“懒惰”之类的主观原因所引起的。

但实际上，嗜睡和失眠都是一种异常的睡眠状态，需要引起大家的重视。

虽说睡眠因人而异，并没有一个绝对值来说明是所谓最合适的睡眠时间，但通常来说，每个人每天的平均睡眠时间大约是 8 小时。

曾有一项数万人的问卷调查，结果显示：大约有 80% 的成年人，每天的睡眠时间在 7 ～ 9 小时范围内；而每天睡眠时间在 4 ～ 5 小时或 10 ～ 11 小时范围内的人，只有 1% ～ 2%；至于每天睡眠时间在 4 小时以下或者 11 小时以上的人，则不足 1%。

可见，所谓的超短睡眠者和超长睡眠者绝对都是难得一遇的，而我就幸运地撞见了其中一员。因此，对于刘桐“爱睡觉”的毛病，我更倾向于认为这是一种睡眠障碍。

引起嗜睡的原因多种多样，既有生理方面的原因，也有心理方面的原因。

从生理方面来说，一些疾病和身体异常的状况都可能引起嗜睡。比如，帕金森症、甲状腺功能减退、脑肿瘤、脑膜炎、脑炎以及心血管疾病等；另外，某些药物过敏，如酒精、镇静剂、麻醉剂等也可能会引起嗜睡。

从心理方面来说，某些患有抑郁症或情绪障碍的患者，也可能会出现嗜睡的情况。

关于嗜睡症，刘菲大概是第一次听说，在此之前，她一直打趣弟弟刘桐是个“懒鬼”。现在，在知道嗜睡症之后，她脸上原本轻松的表情开始变得凝重起来：“吴老师的意思是，我弟弟可能患有嗜睡症？”

“现在还不能确定……”我想了想，说道，“引起嗜睡的原因有很多，具体情况还需要进一步地了解。而且，说不定就真那么巧，你弟弟恰巧是世界上仅有排得上号的‘超长睡眠者’呢！”

我的玩笑话并没有宽慰到刘菲，她苦笑了一下，接着问道：“吴老师，那你以前有没有遇到过患有嗜睡症的人？他们现在怎么样了？能治好吗？”

要说嗜睡症患者，我还真遇着过那么一位，她是我同学的一位患者。

大学毕业后，我跟一名要好的同学一直保持着密切联系。他在老家所在的城市开了一家心理咨询公司，他的那位患者年仅 16 岁，暂且称她为 H 小姐。

H 小姐患上的是发作性嗜睡症，这是一种被归类于觉醒维持障碍的神经系统疾病。患有这种疾病的人，通常有四种表现症状，其中比较主要的两种症状是白天过度嗜睡以及猝倒，比较次要的两种症状则是睡眠瘫痪和睡前幻觉。

既然刘菲问起，我便把 H 小姐的事情告诉了她。当然，为了保证患者的隐私，我并未向她透露 H 小姐的具体信息。

“我知道白天过度嗜睡，我弟弟就是这样，大白天的倒在哪里都能睡着。可猝倒是什么情况？还有睡眠瘫痪、睡前幻觉，这些都是什么意思啊？”刘菲一边问着，一边从包里拿出笔记本要记录一些重点，似乎很担心弟弟也患上了这种疾病。

我尽可能简单明了地解释道：“白天过度嗜睡，其实不是你想

白天过度嗜睡？这个我知道，我弟弟就是这样的。
我弟弟这个人，大白天的倒在哪里都能睡着，简直就是一个瞌睡王。
对了，您刚才说的猝倒是什么情况？还有睡眠瘫痪和睡前幻觉，这些都是什么意思啊？我要记录一下。
那我简单说一下。
白天过度嗜睡，其实不像你想象的那么简单。发作性嗜睡症最独特的一点就在于，患者在任何情况下都会陷入睡眠，哪怕当下的情况非常不适合睡觉。
你疯啦！开车的时候竟然睡觉！

象的那么简单。发作性嗜睡症最为独特的一点就在于，患有这种疾病的人在任何情况下都会陷入睡眠，哪怕当下的情况非常不适合睡觉。

“国外就有过这样一个案例，一位患有这种疾病的人，在大冬天时斜靠在马路边的停车计时器上就睡着了。他对睡眠的强烈渴望已经超出了正常人，更重要的是，他根本无法抗拒这种需求。

“猝倒是发作性嗜睡症的另一种主要症状，通常发生在白天过度嗜睡情况出现的几年后。它会引起骨骼肌的临时瘫痪，可能是局部的，也可能是全身性的。

“出现这种情况跟情绪变化有很大关系，比如患者突然出现惊讶、大笑或者愤怒等强烈情绪波动的时候，就可能引起猝倒。通常来说，猝倒的时间持续性很短，在几秒钟到几分钟之间。”

我注意到刘菲的表情有些迷茫，她可能依然不太明白我说的这些理论，就举例道：“比如说，假设一名男性患有这种疾病，然后遇见了你，觉得你长得很漂亮，他的心情特别激动，情绪很高昂。这种情况下，他可能会毫无预兆地就摔倒在地上，就像身体的某些部位瘫痪了一样，不受控制。

“但除此之外，一切都是正常的——他没有失去意识，也没有昏迷，也不会像癫痫发作那样抽搐，只是突然之间无法控制自己的身体。在几秒钟或者几分钟之后，他就会恢复一切如常，又能站起来继续和你说话、和你握手。”

“这些情况，我弟弟现在都没有出现。”刘菲的脸红了一下，又继续问道，“那睡眠瘫痪和睡前幻觉是怎么回事？听到‘瘫痪’

两个字，就让人感觉好紧张啊！”

我回答道：“这两种症状之所以被认为是次要的，就是因为它们不会导致患者严重失能。也就是说，它们不会对患者造成太严重的影响，而且，即便是很多正常人也都出现过这一类情况。

“你回忆一下自己有没有过这种情况：入睡之后在夜间某个时间点会突然醒来，发生睡眠麻痹的现象，也就是感觉身体不能动弹，甚至无法睁开眼睛。这就是刚才说的‘睡眠瘫痪’，这种情况通常不会超过 10 分钟就自行结束，或因一些触碰而结束。”

“啊，我知道，这就是有些人常说的‘鬼压床’！”刘菲有些兴奋地插嘴道，随后又有些不好意思地吐了吐舌头，示意我继续往下说。

“有些时候，我们即便在清醒时也会突然体验到某些梦境的内容和感觉。就像做白日梦一样，你的意识是清醒的，但却会看到、听到甚至感觉到某些不存在的东西。这其实是一种睡眠幻想。

“如果这种情况发生在入睡之前，我们通常称之为‘睡前幻想’；如果是发生在半夜醒来的情况下，则称之为‘半醒幻想’。我们可能会偶尔出现这些状况，这都是正常的，但如果频繁发生这一类情形并已经严重影响到日常生活，那就要引起重视了。”

那天聊完之后，刘菲给我留了电话，并约定第二天带弟弟来见我。

对于即将见到刘桐，我感到很兴奋，毕竟除了同学的病人 H 小姐之外，我还从未真正接触过嗜睡症患者。

有些时候，人的精神即便保持清醒，也会突然体验到某些梦境的内容和感觉。
这就像做白日梦一样，你的意识是清醒的，但却会看到、听到甚至感觉到某些不存在的东西。这其实是一种睡眠幻想。
咦？奇怪了，怎么感觉我在梦里来过这个地方啊……
这种情况发生在入睡之前，我们称之为“睡前幻想”。
这种情况发生在半夜醒来的情况下，我们则称之为“半醒幻想”。
以上这两种情况，我们可能会偶尔遇到，这是正常的。如果频繁发生这一类情形并已经严重影响到日常生活，那就要引起重视了。

2. 懒惰其实是心理上的厌倦情绪

巴尔扎克曾说过这样一句话：“不必为无法战胜睡眠而难过。”而他也的确是一名不断向睡眠发起挑战的斗士——作为一名作家，巴尔扎克有着极具传奇色彩的工作习惯：每天，他要喝 30 杯咖啡来让自己保持清醒，然后进行通宵达旦地工作。

那么，睡眠真的是可以战胜的吗？显然，很多人都认为：是的。因此，如果一个人整天都在睡觉，通常会被他人认为是一种懒惰的表现。

拜托，我真的很想为那些陷入嗜睡状况而无法自拔的人喊一声“冤枉”——因为懒惰而怎么都睡不醒，这简直是无稽之谈！

很多人之所以会这样认为，只是因为他们都不了解睡眠究竟是什么，睡眠对于一个人究竟有怎样的意义。

一生之中，我们有差不多三分之一的时间都是用来睡觉的，这些时间远远多过工作或吃饭的时间，可见睡眠对于我们而言有多么重要。否则，这项“浪费时间”的活动不会在漫长的人类进化过程中一直保留下来。

可是，我们究竟为什么要睡觉呢？

事实上，直到今天，我们也并没有找到一个确定的答案，只说明人体的各个器官要休息。但唯一可以明确的是，缺乏睡眠终究会带给我们莫大的伤害。

美国的研究者曾进行过一项睡眠剥夺实验，他们让4名志愿者持续205个小时或超过8天保持清醒状态，不能入睡。

在实验过程中，这4名志愿者除了承受与日俱增的疲劳感之外，其思维能力和智力表现也都明显下降，甚至开始出现间歇性人格障碍，变得易怒、暴躁、产生幻觉等。

而随着清醒时间的不断增加，这些志愿者的大脑活动开始有了明显变化，仿佛同时处于清醒与睡眠之间：他们无法思考事情，身体肌肉也变得缺乏张力，随时可能跌倒。

这种痛苦是超乎想象的。可见，睡眠绝对是一种生理选择，你的身体知道自己什么时候需要休息。

所以，当一个人极度渴望睡眠，无论何时、何地都能睡着的时候，请相信，这是身体在向他发出信号，而不是他的个性或者习惯造成的。对于这种情况，我们应该给予绝对的重视。

刘桐来到我的办公室时，比约定时间整整晚了半小时。他是一个人来的，刘菲因为工作上的事情不能陪他一起来，于是把我的地址给了他。

刘桐一进来，就走到沙发前坐了下来，慢悠悠地朝我晃了晃手当作打招呼，然后就整个人"瘫倒"在沙发上，一副昏昏欲睡的样子。

"怎么了？很困吗？昨天没睡好？"我一边给刘桐倒水，一边故作轻松地问道。

昨天晚上没睡好？看看你那两个熊猫眼，还以为昨晚你加班工作了呢。
昨天睡了十几个小时了，怎么都算不上没睡好吧？
好了，就别浪费时间了，我已经是“懒癌”末期，没的救啦！
你也认为自己睡不醒是因为懒惰？
懒惰是人的天性，我只是接受了自己的天性而已。
我不过是用更多的时间来睡觉罢了。
懒惰确实是人的天性，但它不会让你“睡不醒”。因为睡眠是一种生理选择，你的身体状况直接决定自己是否需要去睡觉。
您这是想说，其实我不懒，然后鼓励我勤快一点儿？

“还行吧……昨天睡了快十几个钟头了，怎么都算不上没睡好吧？”刘桐懒洋洋地回答着。

我看着刘桐眼下的乌青块，笑了笑：“你不说还真看不出来，你那两个熊猫眼看上去倒像是昨天晚上‘加班工作’了呢。”

刘桐没理会我的调侃，心不在焉地掏出手机看了看，然后说道：“好了，吴老师，别浪费时间了，我已经是‘懒癌’末期，没的救啦！”

“你也认为自己睡不醒是因为懒惰？”我探寻地看向刘桐。看来，刘菲大概没有好好跟他谈论过关于他的睡眠问题，或者谈论过，但他并不在意。

“懒惰是人类的天性……”刘桐撇撇嘴，“我只不过是接受了自己的这种天性而已。懒惰也没什么不好的，怎么活着是一个人应有的选择，不是吗？我只不过是愿意用更多的时间来睡觉而已。”

刘桐的态度，让我感到有些吃惊。以往来咨询我的人，大多是能意识到自己出了某些问题，或者说至少主观上想要改变自身的某些不良状况——但刘桐不同，他似乎对于自己的情况毫不在意，甚至欣然接受。

我必须先改变刘桐的态度，让他意识到自己的情况并不正常。如果他不能产生想要改变这种状况的主观意愿，那么，一切分析和心理干预都只会是徒劳而已。

“确实，大多数人都会产生懒惰情绪，这一点不可否认。”我看着刘桐说道，“从心理学上来说，懒惰其实是一种心理上的厌倦情绪，它会影响到我们的方方面面，比如逃避工作、厌倦生活中的种种事情，等等。

“懒惰可能让你不想去做任何事情，但绝不会让你一直‘睡不醒’。你要明白，睡眠是一种生理需求，你是否需要睡觉主要是由自己的身体状况来决定的。”

刘桐笑了一下，说：“你这是想告诉我，我其实并不懒，然后鼓励我勤快一点儿？”

我摇摇头，严肃地对刘桐说：“不，我是想告诉你，你或许真的非常懒惰，但你老是想睡觉与你懒不懒是没有关系的。你睡不醒，是因为你的身体需要睡眠。”

刘桐撇撇嘴，不置可否。

我接着说道：“通常来说，一个成年人每天的正常睡眠时间是 7 ～ 9 个小时。据资料考证，天才物理学家爱因斯坦每天必须睡 10 ～ 11 个小时，而 Facebook 创办人马克 · 扎克伯格每天大概只需要睡 5 个小时就够了，至于达 · 芬奇更离谱了，据说他每工作 4 小时睡 15 分钟，全天睡眠时间小于 3 小时。那么，你认为爱因斯坦比马克 · 扎克伯格和达 · 芬奇懒惰吗？”

刘桐有些疑惑地看着我，问：“难道，我就是你跟我姐说的那种超长睡眠者？”

“见到你之前，这也是一种猜测。”我朝刘桐笑了笑，“但见到你之后，我基本可以排除这种可能了。”

刘桐更加疑惑了，终于放下时不时在手里摆弄的手机。

我解释道：“每个人所需要的睡眠时间确实都会有所不同，但无论你是正常睡眠者，还是超短睡眠者或者超长睡眠者，你的睡眠

不，我是想说，你睡不醒和懒惰没有关系，那是因为你的身体需要睡眠。
通常来说，一个成年人的正常睡眠时间是7~9个小时。少于这个时间段，人就会困乏，身体缺乏活力。
不管你是哪个层次的睡眠者，睡眠状况是否正常，其实取决于你的睡眠质量。
我一挨枕头就睡，每天睡10个小时。要是睡眠还不够，那还要怎么睡啊?
既然这样，咱们不如来做个睡眠质量评估吧。

状况是否正常、健康，并不是靠睡眠时间来衡量的，而是要看你的睡眠质量。”

“我睡眠好得不能再好啦！一挨枕头就能睡着，每天睡觉要超过 10 个小时。我的睡眠要是还不好，那还要怎么睡啊？”刘桐抱着双手，脸上明显有着不解的表情。

“不如，我先来为你的睡眠质量做个评估吧。”

3. 身体、心理、环境作用于生理机制的表现

在见到刘桐之前，我原本以为他很可能患上了嗜睡症，但现在，我不得不修正自己的想法。

事实上，读者或许已经发现，在我和刘桐交谈的过程中，我多次向他陈述了一些较为枯燥乏味的理论知识。一方面，我确实试图让他正确理解睡眠究竟是什么；另一方面，我则是在试探，看他是否能够控制对睡眠的渴望。

而事实证明，他可以。

嗜睡症最令人头痛的一个体现就在于，患者往往无法控制自己的睡眠欲望，尤其是处于一些枯燥乏味的环境中时。

当然，这并不是绝对的。相比嗜睡症来说，刘桐的情况却更像是睡眠不足。

长期睡眠不足，除了会让我们感到疲惫和困倦之外，对我们的

心理和生理都会产生不同程度的影响。

通常来说，如果你发现自己有如下一些症状，就一定要注意一下自己的睡眠健康状况了。

*** 没精打采，注意力不集中。**

当你发现自己头脑昏沉、思路迟钝，或者明明反复查看了电子邮件或浏览了网页，却始终没记住自己究竟阅读了什么信息的时候，说明你的大脑运转非常不正常，它或许正在疲劳中挣扎。

这些症状，通常都是由睡眠不足所引起的。

*** 比以往更加健忘。**

有的人记性好，有的人记性差，这并不奇怪。如果你在某段时间突然发现自己变得比以往健忘得多了，很可能说明你的睡眠不足或者睡眠质量不佳。

睡眠不足，往往会让我们的大脑难以形成记忆。

*** 倒头就睡。**

倒头就睡，常常被他人视作一项令人羡慕的本事，毕竟现代社会有失眠困扰的人实在太多了。但据有关研究数据显示，经常在躺下之后 5 分钟以内就入睡的人，很可能有睡眠严重不足的问题，甚至可能有睡眠障碍。

*** 比平时更容易冲动。**

睡眠不足通常会导致大脑判断力下降，做出冲动的事情。

有关睡眠研究显示，睡眠不足会对大脑前额叶皮层产生严重影响，而该区域主要负责控制人的情绪冲动、判断力以及注意力等方面。因此，当你在某段时间突然变得爱吃甜食、冲动购物、爱吵架时，那么就要小心了。

*** 爱说陈词滥调。**

睡眠的时间和质量，对控制语言、建设性思维及创新思维的大脑额叶区域有着重要影响。

因此，当缺乏睡眠的时候，人往往很难组织起自发性的复杂话语，通常会把一些陈词滥调挂在嘴上，甚至可能出现口齿不清、说话单调或者口吃现象。

*** 更容易产生饥饿感。**

当睡眠不足的时候，会导致身体激素分泌不正常，往往会让人特别容易产生饥饿感，难以抵抗美味食品的诱惑。因此，很多睡眠有问题的人，通常都会反映在体重的骤减或骤增上。

此外，长期睡眠不足也会对人的外貌造成明显影响。比如，发质变差，皮肤粗糙，肌肤上产生明显皱纹和严重的“黑眼圈”，等等。

虽然我对于刘桐的许多情况还不甚了解，但从初次与他简单的接触中，我可以明显观察到他数条睡眠不足的症状了。比如，他眼下明显的乌青块、整个人无精打采的样子、精神涣散以及表现出不耐烦和冲动的情绪等。

我相信，这些不良状况一定也给刘桐的生活造成了影响和困扰。

当我把这些列有睡眠不足症状的资料放到刘桐面前时，我注意到他一直试图让自己集中精神来阅读这些文字，但他的注意力却始终无法长久保持。这又印证了一条：他的大脑非常疲劳，在进行信息的搜集和处理时显得非常困难。

我把这些内容尽量转换成精简还便于理解的语言，在说给刘桐听的过程中，他的表情才渐渐变得认真起来。

最后，刘桐幽幽地叹了口气，说："看来，我大概真是睡眠不足了……可是，我每天睡觉都超过 10 个小时，睡了那么久，怎么睡眠还是不足呢？"

"我一再强调过，你的睡眠是否健康不在于你的睡眠时间，而在于你的睡眠质量。"我再一次耐心地向刘桐解释，"睡眠质量上不去，即便睡觉的时间再久，你也依然会有睡眠不足的感觉，这是因为你大脑和身体的疲劳没有得到有效缓解。"

"那我究竟应该怎么办？"刘桐烦躁地挠挠头。

"这就需要从决定睡眠质量的三个要素来给你进行评估。"我一边说着，一边把一张调查表放在刘桐面前，"我需要进一步了解你的身体状况、心理情况和睡眠环境。"

综合来说，影响睡眠质量的要素主要有三个，即身体状况、心理健康和睡眠环境。因此，要改善自身的睡眠状况，我们首先要对这三个要素进行了解与分析，找出其中存在的问题，从而“对症下药”。

现在，我将刘桐的分析内容列出，各位读者也可以据此对自己的睡眠情况进行评估，看看你的睡眠是否存在问题。

第一，身体状况评估：

* 以 20 分钟以上的散步作为最小运动量，我每周运动不超过两次；

* 我常常感到浑身乏力；

* 我经常饮用刺激性饮品，其中含有酒精或咖啡因等；

* 我经常感到肌肉酸痛；

* 我有时会觉得呼吸困难。

第二，心理健康评估：

* 我非常容易发怒或感到烦躁；

* 我的精神很难集中；

* 我常常感到紧张和焦虑；

* 我常常感到孤独或沮丧；

* 我的笑容明显变少。

第三，睡眠环境评估：

* 我的床垫已经使用超过 10 年或者已经变得不平整；

* 我的睡眠环境很吵闹；

* 我的卧室不透气，并且经常太冷或者太热；

* 我的卧室里有一台电视或者电脑。

根据刘桐填写的综合评估表，我发现他主要存在这几个问题：缺乏运动，有喝咖啡的习惯，并且常常在睡前玩网络游戏。

针对这一情况，我建议刘桐首先做到四点：

1. 每周至少保证 3 次且每次 30 分钟以上的运动，强度不需要很大。

2. 暂时戒掉喝咖啡来提神的习惯。

3. 睡前一小时内不接触任何电子设备，包括电脑、手机、电子书等。

4. 把电脑搬出卧室，保证只在床上做一件事——睡觉。

对于我给出的这些建议，刘桐显然颇有微词。但现在我跟他做任何解释都是徒劳的，让他自己去感受，比对他说教会有用得多。

4. 兴奋的事情会一直刺激着大脑

大脑是人体的神经控制中枢，我们的一切日常活动都是由大脑来控制的，睡眠也一样。1929 年，汉斯 · 勃格尔发明的脑电图仪帮助科学家揭开了睡眠的秘密，并让人们发现：睡眠实际上并不是一个简单的线性过程，而是一个复杂的动态过程。

从表面上看，睡眠似乎是一个非常简单的过程：我们感到困倦——然后睡去——最后醒来。但事实上，睡眠状态比我们想象中的要复杂得多。

睡眠由几个不同的睡眠阶段组成，最重要的是，这些睡眠阶段并不是按照由浅入深或由深入浅等单一线性过程排列的——在整个夜晚，它们都在循环往复，通常来说至少有 5 个以上的周期，每个周期会持续 90 分钟左右。

正常的生理需求睡眠主要分为两大类，即快速眼动睡眠（rapid eye movement sleep，简称 REM 睡眠）和非快速眼动睡眠（non-rapid eye movement sleep，简称 non-REM 睡眠）。

非快速眼动睡眠，根据人脑电波的特征又分为 1、2、3、4 期睡眠，相当于是一个睡眠由浅入深的过程。而其中，第 3 期和第 4 期睡眠又合称为慢波睡眠（slow wave sleep，简称 SWS 睡眠）期。

当我们进入第 1 期睡眠时，大脑的活动开始出现降低趋势，此时我们处于一种浅睡眠状态，眼球转动速度变慢；进入第 2 期睡眠之后，大脑的活动继续降低，此时的我们完全意识到自己已经入睡，眼球不再转动。

随后我们将进入慢波睡眠，就是第 3 期与第 4 期睡眠，这也就是我们所说的深度睡眠。在这一睡眠过程中，大脑的活动水平最低，其间，我们也最难被唤醒。

快速眼动睡眠，是睡眠过程中的一种激动状态，梦境就是发生在这一阶段的。

当我们处于快速眼动睡眠阶段时，我们的大脑活动与觉醒时的大脑活动非常相似。

虽然我们依然处于沉睡中，身体也处于松懈状态，但此时我们的大脑却异常活跃。因此，这一睡眠阶段也被科学家称为异相睡眠。

曾有医学教授发表过这样一个观点：人要消除身体及精神的疲劳，实际上只需要前 3 个睡眠周期就足够了，此外的睡眠都属于多余的睡眠。

具体来说，疲劳也分为两种类型，一种是单纯的躯体疲劳，另一种则是大脑的疲劳。

在现代社会，大多数上班族所从事的工作都不是纯体力劳动，因此，现代人的疲劳多是大脑疲劳。引起大脑疲劳的应激因素有很多，主要有加班至凌晨、过度饮酒、喝咖啡、熬夜（包括长时间的娱乐性活动，如看电视、玩游戏、看书等）。

而这些应激因素所带来的最直接的后果就是，减少了我们的非快速眼动睡眠，尤其是慢波睡眠阶段，并相应地增加了快速眼动睡眠，从而大大降低了我们的睡眠质量。

之前说过，快速眼动睡眠阶段，我们的大脑处于做梦状态，依然会非常活跃。在这一阶段，疲劳的大脑实际上并没有得到应有的休息，这也就是很多人的睡眠时间明明不短，却依旧感到疲劳、睡不醒的缘故。

刘桐的情况很明显就是如此，所以要改善他的睡眠状况，必须减少引起他大脑疲劳的应激因素，降低他的大脑在夜间的活跃程度，增加他的慢波睡眠。

再见到刘桐是一个月以后，当时我正在喝咖啡。

“抓到你了！”刘桐刚走进我的工作室，就贼笑着指了指我手里端着的咖啡杯，“你不是说不能喝咖啡吗？你就跟我爸妈一样，这头说不让我做什么事，那头他们自己倒是去做了。”

刘桐一边说着，一边坐到沙发上，跟一个月前一样懒洋洋的，姿势依旧不雅。不过，他的精神看上去好多了，至少变得爱说话了。

我笑着说道：“一杯特浓咖啡里有100毫克左右的咖啡因，一个体重50千克以上的健康人，一次性摄入7.5克以上的咖啡因才能达到产生危险的剂量。

“也就是说，一个体重50千克的人，必须在短时间里接连喝75杯以上的特浓咖啡才会产生危险。那么，我这个体重远远不止50千克的健康成年人，每天即便喝三四杯咖啡也是不会影响健康的。”

刘桐冲我翻了个白眼：“难道我看上去像是体重不超过50千克的人吗？”

我喝了口咖啡，答道：“不。我的意思是，你不算是一个真正健康的人，至少睡眠不健康。”

刘桐撇撇嘴，不服气地嘟囔道：“反正你是心理专家，你说什么都有理。”

“你知道为什么咖啡能提神吗？咖啡因是一种生物碱化合物，就是一种中枢神经兴奋剂，能够暂时驱走睡意并恢复精力。可事实上，你大脑的疲劳依然存在，只是咖啡欺骗了你的大脑，让你感觉不到疲劳。”

刘桐恍然大悟地感叹：“怪不得我每次喝完咖啡都觉得挺精神的，但过一会儿感觉更累了，脑袋还昏沉沉的。”

“所以说，咖啡于我是良方，于你是毒药啊！”我拿出记录刘桐睡眠情况的文件夹，“现在，我们来谈谈你这段时间的睡眠状况吧。”

刘桐坐正了身子，开始汇报：“一开始呢，我不想完全按你说的去做，后来我姐发动了全家人，尤其是我妈一把鼻涕一把泪的，好像我得了绝症似的……最后我迫于家庭压力，就只能随便试试啦。

“刚开始，我倒是没有什么感觉，后来，他们说我看上去精神了不少。虽然每天我还是睡十来个小时，不过白天好像精神多了，这几天的工作也没那么轻易出错了，我妈和我姐也没那么唠叨了……就是我的游戏只能换个新战队，每天晚饭后准时刷图……唉，没有以前那么带劲儿了……”

“挺好，继续坚持。注意让你的作息时间稳定下来，即便是休息日，最好也坚持按照平时的作息时间来执行。你的睡眠问题不严重，只要保持良好的睡眠习惯，慢慢就能调整过来的。”我简单记录了一下刘桐的情况。

“其实，我今天过来还有个问题想咨询一下……”刘桐凑到我面前，问道，“你之前不是说，睡眠健不健康不能看睡眠时间，而是要看睡眠质量吗？那有没有什么办法，可以用比较短的时间达到比较好的睡眠质量呢？”

5. 恢复“清醒的世界”

如何用较短的时间达到较好的睡眠质量，以节省睡眠所需的时间——刘桐的这个问题，大概是现代人都非常关心的、想知道的。

试想一下，如果每天能够少睡 1 小时，那么，一年下来就能累积 365 个小时，这些时间可以用来做多少事情啊！

时间就是金钱，1 小时的时间或许不能用来干什么大事，但如果每天都有 1 小时的碎片时间，积累下去几乎可以影响你的一生，包括你的身体健康、事业有成、家庭美满，等等。

那么，我们究竟能不能通过后天的训练，来变成一个健康的短睡眠者呢？

之前我提到过，在睡眠中真正能够用来消除疲劳、恢复体力和脑力的主要是慢波睡眠阶段，快速眼动睡眠则甚至被有关研究人员认为是“多余的睡眠”。而在我们的睡眠周期中，快速眼动睡眠所占据的比例是非常可观的。

通常来说，慢波睡眠主要集中在前半夜，后半夜则主要是被快速眼动睡眠所主宰。

如果按照自然法则和身体调节规律来看，睡眠时间过长的时候，睡眠深度则会较浅；反之，睡眠时间如果较短，那么睡眠深度则会加深。换言之，与普通睡眠者或者长睡眠者相比，短睡眠者的慢波睡眠实际上并没有减少，甚至可能更长。

这就意味着，如果能够想办法减少快速眼动睡眠而增加慢波睡眠，那么，普通睡眠者和长睡眠者都有可能变为健康的短睡眠者。

对于现代人而言，短熟睡眠显然大有裨益，它不仅能让我们节省一部分睡眠时间，而且对智力的开发也有一定好处。

相信大部分人都有过类似体会：如果我们睡前没有完成某件事情，那么，睡醒之后通常需要把之前做的部分复习一遍，重新厘清思路，然后才能把没完成的部分继续完成。

但有一位短熟睡眠者（某知名作家）这样描述过他的睡眠体会："每天我都会根据写作大纲规划好写作进度，在睡前如果没能完成，睡一觉起来之后我可以立刻接着往下写，根本不需要去复习前面的内容。我睡觉休息的这段时间，完全不会打乱我的思路。"

这简直是每个人都梦寐以求的"功能"！

从科学角度来解释，这是因为，短熟睡眠者在入睡时，能够直接从睡前的脑电波状态平移入深睡眠脑电波；醒来之后，他又可以从深睡眠脑电波状态直接接上睡前的脑电波。

这就不同于像一般人那样，醒后往往会有一段"头脑一片空白"的感觉，需要经过一段时间的"清醒"才能继续回到之前的正常状态，找回思路。当然，这是需要训练的。

这些睡眠理论，让刘桐非常兴奋。这段时间里，睡眠状态的逐渐恢复让他对"清醒的世界"充满了热情，可以看出，他极其渴望自己能够成为一名短熟睡眠者。

刘桐难掩兴奋地追问："我们真的可以掌控睡眠吗？真的可以彻底改变自己的睡眠模式，就好像机器人那样更改程序？"

我点点头说："事实上，早在20世纪70年代的时候，就有人做过这件事情了。

"有一个名叫穆拉尼的国外专家，曾指导4对夫妇进行一项缩短睡眠时间的实验。在实验过程中，为了确保研究的科学性，穆拉尼要求他们每周要有3天在自己家里进行脑电图监测，然后逐渐减少他们的睡眠时间。

"为了保证他们的身体健康，穆拉尼的实验进度进行得非常缓慢，就是每两周才减少他们半小时的睡眠时间，直到这些人的睡眠时间减少到5小时左右，然后让他们坚持了1个月。之后在这个基础上，根据实际情况——主要就是这些受试者在白天有没有感到明显的困意，再来对睡眠时间进行一些更为适当的调整。

"6个月之后，参加实验的这8个人中，有两个人每天的睡眠时间变为5.5小时，有4个人每天的睡眠时间变为5小时，而另外两个人每天只需要睡4.5小时就足够了。在此期间，这些受试者的身体状况和智能方面经过检查一切正常，没有任何降低的迹象。

"实验又继续坚持了半年之后，穆拉尼不再对这些受试者进行任何监控，放任他们自由选择自己的睡眠时间。一年之后，经过追踪观察发现，这8个人的平均睡眠时间一直保持在6小时，而且其他的生理机能一切正常。

"也就是说，穆拉尼只用了半年的时间，就成功地把这些普通

太棒了！那我要怎么做，才能改变我的睡眠时间？
有很多方法。比如冥想、调节呼吸频率，这些能够安定精神、放松身体，从而达到良好的睡眠状态。
除此之外，电子助眠器或一些特殊的声音，比如雨声、小夜曲等也都有助于睡眠……
电子助眠器？我现在就去下单一个！
你现在的睡眠状态没有完全调整过来，贸然强迫自己缩短睡眠时间，只会加重你的疲劳状态！
我先看看，还没打算立即开始。您放心，我一定做个听话的病人，谁不想睡个好觉呢。

睡眠者变为健康的短睡眠者。你说，我们能不能掌控睡眠时间？”

“太棒了！那我要怎么做，才能改变自己的睡眠时间？”刘桐看着我，兴冲冲地问道。

“有很多方法可以缩短入睡时间，并能提高睡眠质量。”我答道，“比如冥想、调节呼吸频率等，这些对精神有安定作用，同时还能放松你的身体，从而达到一个好的睡眠状态。除此之外，电子助眠器或者一些特殊的声音，比如雨声、小夜曲等也都有助于睡眠……”

我还没有说完话，刘桐已经掏出手机开始上网搜寻电子助眠器，一副跃跃欲试的样子。

我赶紧提醒刘桐：“缩短睡眠时间可不能急于求成，你现在的睡眠状态还没有完全调整过来，贸然强迫自己缩短睡眠时间，只会加重你的疲劳状态——别想着还没有学会走，就想跑！”

刘桐干笑了一声，把手机装回兜里：“我这不先看看了解一下，也没有打算立即开始。吴老师请放心，我一定做个听话的病人，谁不想睡个好觉呢。”

“健康的睡眠应该是一种非常平和的状态，全身放松、心情平静，这就是最好的睡眠状态。能做到这样，白天自然就会精力充沛，做事效率也能提高很多。”我再一次对刘桐强调。

距离最后一次见刘桐的两个月后，一个周末，美女记者刘菲特意请我吃饭，顺便还带上她新交的男朋友给我认识。

听刘菲说，刘桐的睡眠状态改善了很多，现在整个人都精神了

两个月后，美女记者刘菲特意请我吃饭，同时向我表达谢意。
精神
焕发
听刘菲说，刘桐的睡眠状态已经改善了很多，现在整个人都精神了不少呢。
他还迷上了助眠的东西，比如电子助眠器、有助眠功能的磁石枕头、能助眠的音乐等，各式各样从网上淘了一堆。不管怎么样，他能改掉“懒”病比什么都强。

不少，就是最近不知怎么迷上了助眠的东西，比如电子助眠器、有助眠功能的磁石枕头、能助眠的音乐等，各式各样从网上淘了一大堆。但不管怎么样，他能改掉“懒”病比什么都强。

吃完饭告别的时候，刘菲突然问道：“上次你跟我说的那个患有嗜睡症的H小姐，她后来怎么样了？治好了吗？”

我摇了摇头，说：“发作性嗜睡症目前来说是没有办法治愈的，一旦患上这种疾病，你只能学会适应它，与它一起‘生活’。比如，服用能够振奋精神的药物来减少白天嗜睡的情况，或服用某些对猝倒有疗效的药物来进行控制等。

“但这些精神类药物都会让人产生生理或者心理上的依赖，所以需要进行严格控制的。”

大概是想到了弟弟刘桐，刘菲不由得长舒了一口气，感叹道：“谁能想到，睡觉这么简单的一件事，还藏着这么多的学问啊！”

不管怎么说，值得庆幸的是，刘桐并没有患上发作性嗜睡症。

刘桐的睡眠问题很简单，但同时也是现代人普遍会遭遇的一种情况。现代人的生活压力越来越大，生活节奏也越来越快，精神紧张、焦虑已经成为普通人的一种生活常态，而这恰恰正是引起失眠的主要原因。

因此，想要获得理想的睡眠质量，我们首先要做的就是让兴奋的大脑安静下来。只有大脑脱离兴奋状态，我们才能够获得安静祥和的睡眠状态，从而得到全身心的放松。

Part 4
情绪对抗：最好的时间，都去哪儿了

很多人都知道，我们的大脑里藏着一个叫“生物钟”的东西，它控制着我们的作息规律。于是，便有人望文生义地想：这个生物钟和普通的钟表一样，可以随心所欲地调整它的时间。

殊不知，只有自然规律才是可以控制生物钟的唯一力量，我们个人都只是被生物钟所约束的弱小个体罢了。所以，一个人想要对抗自己的睡眠规律，其实就是在对抗自然规律，永远是不会有胜算的。

1. 杜晓寒的话：我每天睡够了 8 个小时，怎么还是没有精神

我作为一名研究情绪与睡眠相关联的心理咨询师，身边时常会发生一些有趣的事情。

我有一位朋友方先生平日里入睡极快，他有个诀窍就是睡前看书，而且必须是那种理论性比较强的专业类书籍——一书在手，10 分钟之内保证睡着。

方先生对我说："那本《中国哲学简史》，我看了快两年了，现在才读到三分之一。"

对于方先生来讲，这本书的作用比安眠药还有效。

有一次，方先生去出差，到达目的地之后已经是晚上 11 点，便去往预订的酒店住下。睡觉之前，他才意识到没有带书，他心想：不看就不看吧，大不了晚睡一会儿。

结果呢，方先生在床上硬生生躺到了 12 点半还没有睡着，这时候已经过了最佳睡眠时间，他更加难以入睡。

最终，那天晚上一直到凌晨 4 点多，方先生才睡着。因为第二天还要工作，他的精神十分不好，感到非常狼狈。

过后，方先生找到我，问道："你说我必须看书才能睡着的这个习惯，是不是也属于一种心理障碍呀？"

我点点头说："算是，但是没有必要进行干预，你只要记住带上书就好了，反正书本也没有啥副作用。"作为心理咨询师，其实我并不希望每个人都是需要治疗的病人。

我还有个朋友古先生是名作家，每天可以睡够7小时以上，但依旧感觉困顿不堪。他找到我，对我说："我每天睡得不少，但还是感觉十分疲劳，而且这种疲劳是那种休息不过来的疲劳。有时候，我感觉累了就上床睡一会儿，可是睡醒之后还是累，根本没有啥作用。这是怎么回事？"

其实，这也是一个对于睡眠的认知误区：认为所有的疲惫都可以通过睡眠来解决。

我们应该认识到：睡眠的确是一种有效的休息方式，但它休息的主要是你的肌体。

那些体力劳动者在劳作之后感到累了，是因为当时他们体内产生了大量酸性物质。这时候，他们通过静卧、睡眠的方式可以把失去的能量补充回来，把身体里堆积的废物排除出去。

这也是为什么大家看到武警等人民子弟兵在抗洪或者其他救灾时，他们几乎都可以做到倒地"秒睡"——这就是因为他们超负荷工作导致身体太过劳累，睡眠成为身体的一种自然需求。

但是我朋友古先生属于脑力劳动者，在工作的时候，他的大脑皮层极度兴奋，但身体却处在一个低兴奋的状态里。因此，超出必要时间的睡眠对于他而言，并不能带来很好的休息效果。

我对古先生说："这样吧，你如果感觉累了不要去睡觉，而是去做一些有氧运动，比如慢跑、游泳，到时看看效果再说吧！”

我说完这番话之后，古先生显得有些惊讶，我从他的眼神中可以看出来，他是有些不太相信我说的。或许是出于对我专业的尊重，当时他也没有提出什么质疑。

过了两周，古先生给我打电话，高兴地说道：“你说的办法还真有效果啊，我感觉累了就出去运动一下，反而精神了不少。”

我之所以把这两个案例拿出来讲一下，是因为想要提醒已经阅读至此的读者朋友们——这本书所要解决的并不仅仅是睡眠障碍问题，而是关于合理睡眠的一些观点，并不是鼓励朋友们无度睡眠，更非宣扬“睡觉可以解决一切问题”之类的劲爆言论。

毕竟，生活中有太多美好的东西等着我们去体验，而睡觉只不过是为了让我们能以更清醒的头脑、更饱满的精神投入人生旅程中罢了。

说到此处，我想起曾经的一名咨询者——杜晓寒，他的一些经历，或许可以让我们从另一个角度认识睡眠的意义。

杜晓寒来找我的时候，他刚满 20 岁，按道理说这正是精力旺盛的年龄，但是他却不然。当他的父母把他带到我面前时，我一眼就看出这个小伙子处于长期睡眠不足的状态中，并且已经严重影响到了他的精神和身体。

杜爸爸对我说：“请吴老师帮忙指导一下我儿子，他的睡眠有问题……”

请吴老师帮忙指导下我儿子，他的睡眠有问题……
我每天都睡够了8小时，睡眠绝对不可能有问题！
看看你那黑眼圈，想都不用想，你肯定天天在学校里熬夜打游戏！
你爱信不信！懒得跟你解释！
两位冷静一下，容我问几句话。
那我问问你，是哪8个小时呢？就是说，一般是从几点睡到几点？
这很重要吗？不管怎样，我每天睡够8小时不就行了？

父亲的话还没说完，杜晓寒就很不耐烦地插嘴说："谁说的？我每天都睡够了 8 个小时，睡眠不可能有问题。"

杜爸爸很不高兴，对儿子瞪起眼睛说："你看看你的熊猫眼，黑眼圈乌青的，还说睡够了 8 个小时？想都不用想，你肯定天天在学校里熬夜打游戏。"

杜晓寒生气地嚷道："你爱信不信，我懒得跟你解释。"

眼看父子二人就要吵起来，我赶紧说："两位先冷静一下，容我先问杜晓寒几句话。"

二人停止了争论，杜爸爸连忙说："吴老师，你问！"

我问杜晓寒："你说你一天能睡够 8 个小时，那我问问你，是哪 8 个小时呢？也就是说，一般是从几点到几点？"

杜晓寒显然有些不太愿意回答这个问题，而是反问我："这很重要吗？不管几点到几点，我每天睡够 8 个小时不就可以了吗？"

虽然杜晓寒没有正面回答我的问题，但是我可以猜想到，这个年轻人和当下许许多多的年轻人一样，都属于"夜猫子"——他们每天睡的时间并不短，但一般是凌晨到中午这段时间，午夜时分对于他们而言是一天中最难得的娱乐时间，怎么舍得用来睡觉呢？

当下的社会发展得很快，生活方式的变化也很快。

在杜晓寒父亲年轻的时候，不存在所谓的夜生活，他们习惯了日出而作、日落而息，很难理解也很难想象——对于现在的一些年轻人而言，午夜 12 点钟声敲响的时候，一天的狂欢才刚刚开始。

所以，他认为儿子的精神状态不好是因为失眠，是因为睡得少，而没有意识到儿子是一个过惯了夜生活的“新新人类”——杜晓寒的实际情况不是睡得少，而是睡眠的时间不对：经常熬夜，才是睡眠问题的根源。

现代人很容易忽略熬夜的危害，有越来越多的人习惯了熬夜——熬夜加班、熬夜K歌、熬夜玩游戏、熬夜喝酒……这些人用各种理由熬夜，这似乎成了一种生活的常态。

实际上，熬夜是件很可怕的事情。

曾看过一篇报道，大意是说：研究人员通过动物实验发现，倒时差的老鼠，比昼夜节律正常老鼠体内的TH17细胞几乎多了一倍。

这种TH17细胞，是我们人体对抗细菌和真菌感染的重要防线。但是，如果这种细胞在人体中的数量过多，就会产生致病性。也就是说，当你熬夜的时候，连你身体里的免疫细胞都会“倒戈”成为敌人。

这还不是熬夜的全部危害，有关研究表明，睡眠不足对大脑造成的损伤，是无法通过补觉来修复的。

这恰恰击中了很多熬夜者的“命门”，因为他们会理所当然地认为，今天熬夜没什么关系，明天好好睡一觉补回来就行了。但实际上呢？有些脑细胞是不可复生的，你今天把它们害死了，明天睡多少觉也不会让它们活过来。

熬夜能损坏部分智商，这是一个事实。

再回到杜晓寒的情况上来，我之所以断定他是个“熬夜族”，还有一个原因，就是我发现他有脱发的迹象。

杜先生认为，他儿子的精神状态不好是因为睡得太少，却没有意识到杜晓寒是一个过惯了夜生活的“新新人类”。他的实际情况并不是睡得少，而是睡得不是时候——经常熬夜才是问题的根源。
ZZZ
上午
10:00
intel
现代人很容易忽略熬夜的危害，越来越多的人都习惯了熬夜。
熬夜加班、熬夜K歌、熬夜玩游戏、熬夜喝酒……
这些人用各种理由熬夜，这似乎成了一种生活的常态。

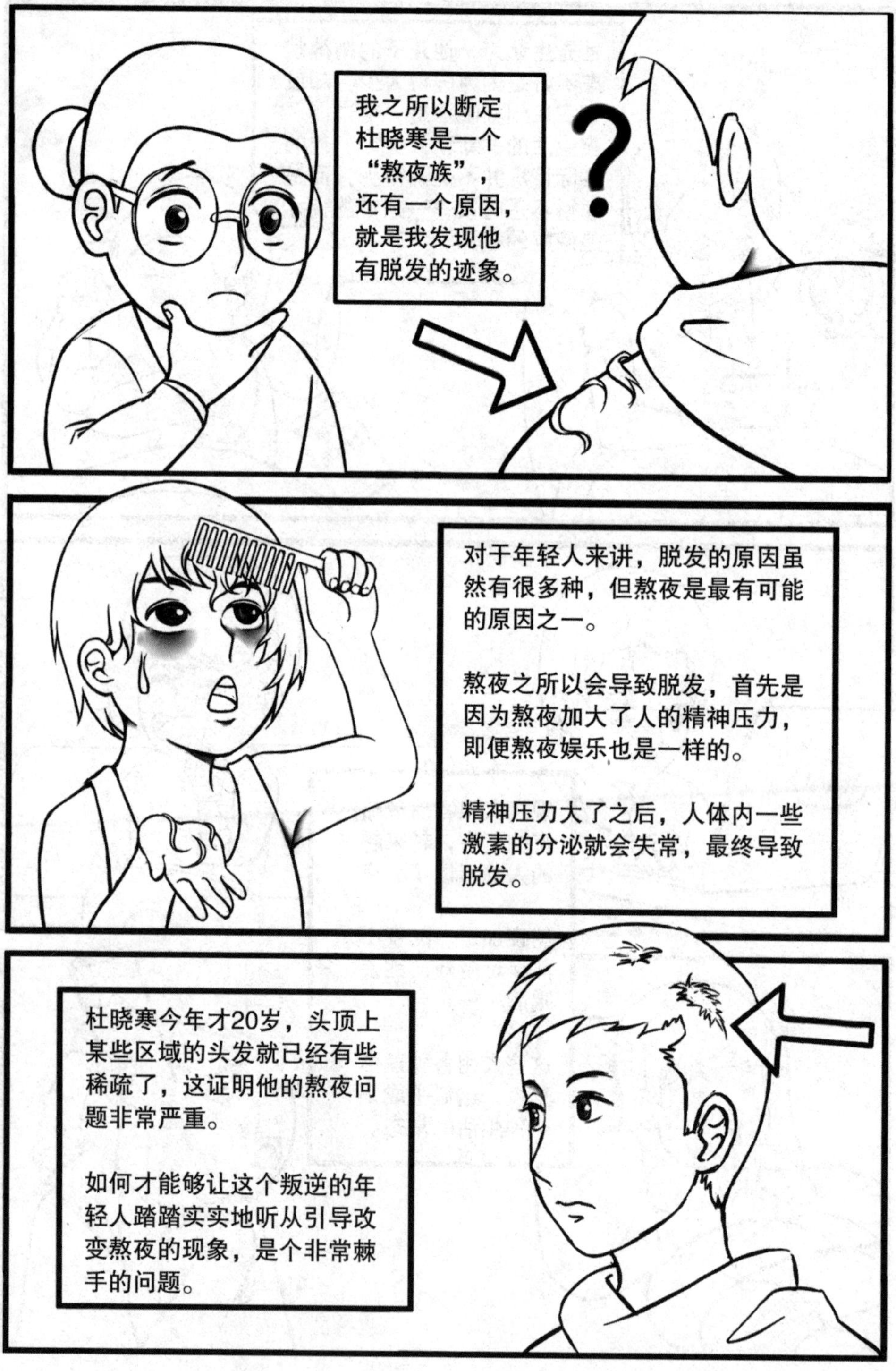

我之所以断定杜晓寒是一个“熬夜族”，还有一个原因，就是我发现他有脱发的迹象。
?
对于年轻人来讲，脱发的原因虽然有很多种，但熬夜是最有可能的原因之一。
熬夜之所以会导致脱发，首先是因为熬夜加大了人的精神压力，即便熬夜娱乐也是一样的。
精神压力大了之后，人体内一些激素的分泌就会失常，最终导致脱发。
杜晓寒今年才20岁，头顶上某些区域的头发就已经有些稀疏了，这证明他的熬夜问题非常严重。
如何才能够让这个叛逆的年轻人踏踏实实地听从引导改变熬夜的现象，是个非常棘手的问题。

对于一个年轻人来讲，严重脱发的原因虽然有很多种，但熬夜是最有可能的原因之一。

事实上，熬夜之所以会导致脱发，首先是因为熬夜加大了人的精神压力(即便是熬夜娱乐也会增加精神压力)，精神压力大了之后，体内一些激素分泌就会失常，最终导致脱发。

杜晓寒今年才20岁，头顶上某些区域的头发就已经有些稀疏了，这证明他的熬夜问题非常严重。所以，如何才能让这个叛逆的年轻人踏踏实实地听从引导去改变熬夜的现象，是个棘手问题。

我想，我有必要跟杜晓寒进行一次深度谈话了。

2. 夜猫子的生活，你还准备过多久

曾经有人问我："长期熬夜对身体的危害有哪些？你能不能举个例子来说明一下呢？"

我说："不举。"

那人愣了一下，然后哈哈大笑起来。

确实，"不举"也是熬夜导致的众多恶果之一。

其实，熬夜的危害是不言自明的，不必谈什么科学道理、生理知识，绝大多数人都知道熬夜不好，但为什么还是有那么多人明知不可为而故意为之呢？

我觉得，主要是"幸存者偏差"这个心理效应在作怪。

这个心理效应具体来说就是：某些人确实是对熬夜免疫的，熬夜对这部分人的危害小之又小。而这些发生在少部分人身上的故事，却被大部分熬夜者拿来作为“熬夜无害”的证明——他们认为，既然熬夜对于某些人不会造成危害，那么，自己也可能属于这小部分人的行列，从而心安理得地熬夜。

关于“熬夜无害论”最有力的例证发生在1964年。

那年圣诞节的假期，17岁高中生加德纳挑战最长熬夜时间的世界纪录——他在264.4小时（11天24分钟）之内没有睡觉，创造了新的吉尼斯世界纪录。

当加德纳的挑战结束之后，人们都认为他可能得连续睡上几天才能恢复精力。但加德纳只睡了不到15个小时就“满血复活”，而且在后续的观察中，他的身体完全健康，没有受到一点儿影响。

在加德纳此次挑战吉尼斯世界纪录成功之后，吉尼斯官方担心有人不顾身体的健康风险再来盲目挑战，于是宣布停止这项纪录的挑战。因此，加德纳成了有正式科学纪录的不睡觉时间最长的人。

在我们的生活中，像加德纳这样的人肯定是少之又少的，但确实有一些人似乎对熬夜是免疫的——他们在熬夜之后依然神采奕奕，全无不良反应（最起码表面上看起来是如此）。

熬夜者把这些人当成“偶像”，认为自己也可以像“偶像”一样彻夜不眠，但却看不到新闻上时常爆出关于熬夜导致重大负面后果的报道：

某26岁男子连续11天熬夜看世界杯后，猝死；

某28岁女编辑熬夜成疾，离世；

烟不离手，常熬夜90后IT男突发心肌梗死险丧命；

“520”当天想给女友惊喜，小伙子熬夜上网熬出青光眼。

由此可知，有多少人因熬夜而发生意外。但熬夜者对此视而不见，仍有大批熬夜者在坚持自己的生活方式。

至此，我认为要想让杜晓寒停止熬夜，第一步就是先打破他内心关于“熬夜无害论”的幻想。所以，我问他：“你知不知道熬夜的危害性？”

杜晓寒点点头，说：“当然知道了，但是我觉得也应该视情况而论。有些人不能熬夜，有些人熬夜也没什么关系的，只要习惯了就好，比如我。”

这是典型的幸存者偏差心态！

我又问：“那么，你觉得熬夜对自己的危害大吗？”

杜晓寒想了想，说：“我觉得还好吧。”

杜爸爸有些不以为然，说道：“还好？你看看你的熊猫眼，你看看你的精神状态，这叫还好？”

眼看杜晓寒又要顶嘴，一场家庭论战将要爆发，我赶紧插话对杜晓寒说：“现在假设你是那种不怕熬夜的人，只是假设啊，实际上这种人非常非常少见——那么，我问问你，晚上熬夜的时候，你在做什么？”

杜晓寒犹豫了一下，没有说话。杜爸爸气呼呼地替儿子回答：“还能干什么，除了打游戏还是打游戏呗！”

你知道不知道熬夜的危害性？
当然知道。但我觉得应该视情况而论，有些人不能熬夜，有些人就可以，比如我。
嘴硬！看看你那熊猫眼！唔……
捂嘴
您当家长的就少说两句吧……
假设你是那种不怕熬夜的人，那我问你，晚上熬夜的时候，你在做什么？
问到这个问题，杜晓寒开始支支吾吾起来。
嗯……这个……
其实杜晓寒不说，我也知道当代大学生或多或少都会熬夜玩乐。
但我关注的不是他们熬夜干什么，而是熬夜时沾染上了哪些不好的习惯。
比如抽烟、酗酒或者饮用咖啡，这些都会加剧熬夜带给人体的危害。

杜晓寒的嘴唇动了动，似乎想反驳，但还是把话咽了下去。

就算杜晓寒不说，我也知道，这个时代的大学生大多喜欢熬夜打游戏或者聚会玩乐。其实，我真正关注的并不是他们熬夜干了什么，而是在熬夜的过程中，他们沾染上了哪些不好的习惯。

据我观察，长期熬夜的人，往往同时也会沾染上抽烟、酗酒或是大量饮用咖啡类饮料的习惯，这无疑是雪上加霜，进一步增加了熬夜的危害性。

如果我直接问杜晓寒："你熬夜的时候，是不是会抽烟或喝酒？"由于父母就在身旁，他肯定会断然否认，所以，我换了一种方式问："和你一起熬夜的同学用什么方法来提神？有抽烟的吗？有大量喝咖啡的吗？有没有晚上纵情饮酒的？"

杜晓寒点头："嗯，都有。"

我说："你看，即便熬夜对人无害，那么，在熬夜过程中所沾染的某些坏习惯也会对人的健康造成破坏。而且，根据我的分析，新闻里经常报道因熬夜造成的惨剧，其实多半和这些因素有关。"

杜晓寒没有说话，有些沉思的样子。我接着说："你觉得熬夜对自己的危害不大，但我想，这可能是你一厢情愿的认识。

"我们的祖先发明了火、学会了照明。现代技术利用电制造了电灯，实现了白天和黑夜的颠倒，让我们不必像一些野生哺乳动物那样在太阳落山前就要考虑好今晚在哪里睡觉的问题。

"但事实上，夜里睡觉是千万年来人类发展形成的一个定式。我们的身体早就习惯了这个定式，身体机能的进化要远远低于我们生活方式的改变速度。

“也就是说，我们在生活模式上虽然和祖先不同，但是身体的运作规律和祖先还是一致的——都是白天劳作，晚上利用睡觉来排毒、放松精神、促进某些激素的分泌。打破了这个规律，那么，这些人的身体就要承受难以预料的后果。”

我举例古人的生活习性说了一大堆，发现杜晓寒和他的父母都有点儿蒙，我意识到自己讲的内容有些太形而上了，便总结道：“总的来说，就是你身体受不了你晚上不睡觉的这个习惯，你不属于那种可以熬夜的人。事实上，绝大多数人都不属于。”

这一次，杜晓寒没有马上反驳我，证明对于我的话，他还是听进去了一部分。但是，我觉得继续谈下去的意义很有限，因为杜晓寒的父母在场，他很难对我敞开心扉去讨论自己生活上的一些事情。

最后，我对杜晓寒说：“这样吧，周末你过来一下，咱们好好聊聊关于情绪与睡眠的问题。”接着，我对杜晓寒的父母说，“你们不用一起过来，让他自己来就可以了。”

3. 习惯性思维导致生物钟出现问题

我和杜晓寒约好了周末见面的时间，在这之前的几天里，我一

在古代，我们的祖先发明了用火，学会了夜晚照明的同时又驱赶了野兽。
到了现代，人又发明了电灯，实现了白天与黑夜的颠倒。
但是，睡觉是人类发展千万年来形成的一个定式。
我们在生活模式上虽然和祖先大不相同，但是身体运作规律和祖先是一样的——白天劳作，晚上睡觉休息。如果打破这个规律，那么人的身体就会有严重的后果。
ZZZ

直在想着该如何帮助他调整睡眠上的问题。

在我这么多年的职业生涯里，杜晓寒这样的来访者见过不少，但是大部分都是他们本人意识到了熬夜的危害性，主动来找我提供帮助。杜晓寒与他们的不同之处在于，他完全是被动的，从主观上还未对熬夜的危害性有清醒的认知。

这是最棘手的地方。不过，无论主动还是被动，心理干预这些人的核心思想是一致的——调整生物钟。

生物钟这个概念，是睡眠科学中最为重要的概念之一，我甚至觉得可以把“之一”两个字去掉。对于这个概念，大部分人有所耳闻，也能说出个一二三来，但是少有人深入了解过。

曾经有位来访者对我说：“我经常熬夜，弄得生物钟都乱掉了，不过，我想了个好方法就调整过来了。”

我挺吃惊的，因为我知道调节生物钟不是那么容易的，这位来访者居然有方法，我一定要听听他有何高见，便问道：“什么方法？”

那位来访者吐出两个字：“喝酒！”

我不喝酒，不理解这种方法的原理，当时有点儿蒙。

那位来访者看我不解的样子，赶紧解释道：“我喝醉酒就想睡觉，所以，我每天晚上 10 点开始喝酒，喝醉了自然就去睡觉了。连续喝上一个星期，我的生物钟就调整过来了。”

这居然就是所谓调整生物钟的“好方法”！我一时间不知道说什么才好。

这时，那位来访者又对我说：“可是，我发现我的睡眠时间调整过来了，却染上了一个毛病——不喝酒就睡不着。我觉得这比熬夜的危害好像还大……”

最终，我帮助这位来访者纠正了“借酒入眠”的模式化行为，具体过程在此就不多叙述了。讲这个故事，我是想表达：许多人其实对生物钟的概念并不那么明晰，而是依靠个人的理解去解读这种生理状况。显然，他们很容易走上歧路。

简单来说，生物钟就是我们身体产生的一种适应循环，为了适应大自然周期性的规律而养成的某种行为模式。道家有句话，我认为很有道理：“人法地、地法天、天法道，道法自然。”

人存在天地之间，你说天人合一也好，或是受自然规律的约束也罢，总而言之，人脱离不了自然规律的影响。

太阳朝起夕落，形成光暗交替。为了适应这两种截然不同的环境，人类也进化出了两种不同的感官——白天，我们用视锥细胞（视锥细胞在视网膜的黄斑中央凹处，对强光和颜色具有高度的分辨能力）感受光觉和色觉；晚上，则用视杆细胞（视杆细胞在视网膜边缘部位，对光的分辨率较低，色觉不完善，但对暗光敏感）感觉暗视觉。

与此同时，为了在环境的变化中找到生存空间，我们的身体习惯了早上“开机”——各个器官被唤醒，大家投入工作状态中；晚上“待机”——大脑和身体内会分泌一些促使大家入眠的物质。

在“待机”和“开机”转换的过程中，我们的身体也在悄然发生着变化——

体温：我们的体温在清晨 2 ～ 6 时最低，下午 1 ～ 6 时最高。

血压：夜晚进入睡眠状态之后，血压趋于平稳低缓，等到清晨醒来时稍加活动，血压就上去了。

心率：夜晚睡眠心跳较慢，清晨交感神经兴奋，心跳随之加速。

这是每个人都能感受到的变化，但更重要的一点则是感受不同的变化——包括生殖系统，激素的调节；消化系统，胃肠蠕动的调节；泌尿系统，夜尿与晨尿的调节。

总而言之，在昼夜交替之时，我们的身体在生物钟的指导下有规律地运转着，这对于我们的健康至关重要。

生物钟乱了，一切都乱了——会出现精神不集中，耳鸣，疲倦乏力，有时还可能浑身出冷汗。

不过，我要是把上面这番道理说给杜晓寒听，我知道他一定会反驳我，而且理由还可能会非常充分，例如说：“要是一个人出国了，时区发生了变化，他的生物钟肯定也会乱。要按你这么说，这个人是不是就废了？”

或者说：“谁说我的生物钟乱了？我的作息很规律，我的生物钟就是每天凌晨 4 点准时睡觉，11 点准时起床。”

作为一名心理咨询师，一定不能被来访者的问题逼到墙角，因为那样会使对方怀疑你的专业素养，失去权威性——轻则影响治疗效果，重则导致治疗中断。

关于“生物钟调节”的问题，是睡眠科学所研究的核心问题，还好，我在一些实践中有所学习和体悟。

星期六那天，杜晓寒和我如约见面，不过他比我们约好的时间晚了 15 分钟。他一进门便赶紧向我道歉："吴老师，对不起，我刚才坐地铁坐过站了，耽误了几分钟。"

我摆摆手，说："没关系，坐下聊。"

杜晓寒坐下之后，我问："这几天睡得怎么样？"

杜晓寒说："挺好的啊……其实，我也知道熬夜不太好，可是我现在都习惯了，所以没什么特别的感觉，一切 OK。"

"没什么感觉"这种体验，可能也是支持大部分熬夜者继续熬下去的因素。

熬夜者在刚开始熬夜的时候，也会感觉到身体上的不适，但时间长了便"没什么感觉"了。于是，他们会觉得自己已经习惯了熬夜，"没什么感觉"意味着一切都正常。

但事实并非如此。熬夜者所谓的"没什么感觉"，其实是身体因长期处于不适状态而产生了麻木感。

我的许多来访者都曾经有过这样的体验，等他们从睡眠问题中康复之后，总会对我说："原来以为我每天的精神状态和身体状况是正常的，但是当我恢复了优质睡眠之后，才发现自己过去每天都活在浑浑噩噩当中，只不过是因为缺乏对比，才认为自己之前的那种状态是正常的。"

杜晓寒就是这样的情况。于是，我对他说："你现在觉得自己正常，是因为你已经习惯了熬夜所带来的不适感。事实上，由于生物钟的紊乱，现在你的身体机能已经受到了影响。"

杜晓寒疑惑地问："那我怎么感受不到呢？"

我笑了笑，说：“不是你感受不到，是你自己不愿意感受罢了。我问你几个问题，你如实回答好不好？”

“吴老师，请问。”

我问：“你是不是经常会出冷汗？”

杜晓寒想了想，说：“出冷汗，我不知道，不过我比较爱出汗，是天气的原因吧？”

我又问：“那你是不是经常拉肚子？”

杜晓寒点头说：“嗯，这倒是，可是拉肚子和熬夜有什么关系？”

我没有急着回答他的问题，接着问：“你有没有耳鸣的体验？”

杜晓寒想了一下，说：“偶尔有。”

我点点头，说：“你看，你身上出现的这些问题，其实都不是单个的问题，其根源就是生物钟紊乱。生物钟乱了，身体代谢跟着也乱了，所以人会出现疲倦乏力、头晕耳鸣、出冷汗、拉肚子的状况。这跟有些人坐飞机跨越时区之后产生的时差综合征是一样的，都是生物钟紊乱的结果。”

杜晓寒听了我的话，反问道：“出国的人，时间长了，生物钟就会调整过来，对吧？”

我点点头。

杜晓寒立马接着说：“那我熬夜很久了，现在生物钟也该调整过来了吧？所以，您之前说的问题不成立啊！”

看看，问题还是来了！

4.你不知道的那些“光”的作用

很多人跟杜晓寒一样，认为自己长期熬夜的话，生物钟会以为你跨越时区来到了“国外”，然后它就渐渐适应过来了。

这真是天真的想法。

我对杜晓寒说：“没错，假如我们来到了英国，因跨越时区而导致生物钟紊乱，是可以通过一段时间的调整慢慢改正过来。但是，你不行！”

杜晓寒张大了嘴巴，一副吃惊加疑惑的样子。

我回答说：“因为你没晒英国的太阳。”

杜晓寒脸上的惊讶之情更是放大了几倍，虽然没说什么，但我分明从他的脸上看到了四个大字：强词夺理。

我接着解释道：“现在，我们把生物钟想象成一块手表。手表想要走得准，必须得有动力，电力或者机械力都可以。

“生物钟想要走得准，也需要动力，这就是我们所说的‘外源刺激’，包括日照、月相、潮汐、温度、湿度变化等。其中，光线的影响最为重要。

“目前已经有实验可以证明，光照强度变化对于生物钟的影响最为关键。我们睡着的时候，看起来是两眼一抹黑，其实眼睛仍然能感受到外界光源的变化。”

杜晓寒似乎有些不太相信我说的，我就指了指窗外，说：“你闭上眼睛，看阳光。”他照做了。我又说：“现在你用手捂住眼睛，再看阳光。”他也照做了。

我问：“你觉得在这两种不同的情况下，光线强度一致吗？”

杜晓寒摇头：“不一致。”

我说：“这就对了。我们的眼睑就是眼皮，其实没有办法彻底阻隔光源，所以，即便我们睡着了也能感受到外部光源的变化。”

看杜晓寒没有异议，我又接着说：“跨时区的生物钟紊乱，是因为人接受光线的环境暂时发生了变化，如果坚持在当地时间里日出而作、日落而息是可以调整过来的。

“而熬夜所引起的生物钟紊乱，是因为刻意延缓了睡眠时间，这就造成一个问题：在光照不充足的时候，大脑和身体本来是应该休息的，却没有得到休息；在光照充足的时候本来不应该休息，但是你却在睡觉，而大脑依然在接收光源，这给了大脑一个‘不该睡觉’的信号。所以，你的大脑常年处于混乱状态，无法进入深度睡眠，睡眠问题因此而生。”

通过我的一番话，杜晓寒的态度有些软化。他想了想，说：“嗯，有时候我也觉得白天睡觉好像不如晚上睡觉管用。”

我点点头，说：“那是一定的。其实，除了光线的影响之外，饮食、温度都会对生物钟造成影响。就拿早餐来说，你熬夜之后肯定是吃不了早餐的，对吧？”

杜晓寒点头道：“那当然，我一觉睡醒都快中午了，只能等着

你闭上
眼睛，
看阳光。
现在捂住
眼睛，再
看阳光。
在这两种不同的情况下，光线强度是一致的吗？
不一致。
光线
这就对了。人的眼皮不能彻底阻隔光源，所以即便睡着了，眼睛也能感受到外部光源的变化。
熬夜让睡眠时间延缓，造成生物钟紊乱。加上光照的颠倒，进而让大脑处于混乱状态，于是人就会失眠。
困
除光照外，吃早餐对睡眠周期也有影响。所以说，一定要养成吃早餐的习惯，这样睡眠才会更有规律。
另外，还有温度的影响。白天的气温比夜里高，不太适合入眠，尤其是夏天。
热……
热……
我们睡觉时体温会降低，由于白天气温高而体温降不下去，睡眠质量就会受到影响。

吃中午饭了。”

我说：“你要知道，吃早餐对睡眠周期也有影响，保持固定的进餐时间对睡眠习惯的形成很重要。所以，我经常会对那些睡眠有问题的来访者说，一定要养成吃早餐的习惯，这样会让你的睡眠更加有规律。”

杜晓寒摸了摸肚子，说：“嗯，我都好久没吃过油条、老豆腐了，现在想想，还挺怀念那味道的。”

我继续说：“另外，还有温度的影响。白天的气温比夜里高，尤其是夏天，不太适合入眠——我们睡觉时体温会降低，由于白天气温高而体温降不下去，睡眠质量就会受到影响。”

杜晓寒说：“这倒是，大夏天的睡一上午会出一身汗，感觉真的不舒服。”

话至此，我知道杜晓寒已经接受了“熬夜对身体有害，并且无法调整生物钟”这个事实，所以，我觉得有必要与他探讨熬夜的另一种危害。于是，我接着说：“熬夜对身体造成的危害只是一个方面，另一个方面，熬夜对心理也会产生影响，让我们陷入一系列的负面情绪中。”

杜晓寒看着我，眼神里不自觉地流露出一丝丝不安。

我想，杜晓寒或许已经感受到了这部分危害，但可能只是隐约体会，那我有必要让他对熬夜造成的心理创伤有更加直接的认识。

我想起之前遇到过的一位来访者，觉得她的经历具有一定的代表性，便对杜晓寒说：“有位姓朱的女士在前年查出得了糖尿病，心情很不好。她开始严重失眠，经常整夜辗转反侧、浅睡易醒，醒来后只能睁着眼到天明。到最后，她的情况基本跟现在的你差不多，每天要凌晨四点才能睡着。

“后来，家人发现朱女士开始有了轻生的念头。家人吓坏了，赶紧找心理咨询师对她进行心理干预，最后找到了我的一个同学宋晨。

“宋晨在治疗抑郁症方面很有心得，他了解了朱女士的情况后，马上得出结论：导致朱女士产生自杀倾向的原因有二，一是患上疾病之后，她自觉生活乐趣完全丧失；二是失眠熬夜，这加重了她的抑郁症病情。后来，宋晨找到我，让我配合他进行心理治疗，先帮忙纠正朱女士的睡眠问题。

“最终，我们两人合作，对朱女士进行抗抑郁症和催眠药物治疗后，朱女士的心理回归正常，睡眠质量也达标了。”

杜晓寒听了这个案例后，有些不安地问：“您说，我是不是也因为熬夜引发了抑郁症？有时候，我觉得自己确实挺抑郁的。”

我摇摇头，说：“熬夜不会直接引发抑郁症，却会增加抑郁症的程度，同时也会加深其他负面心理的程度。

“现在，你还远远达不到抑郁症的程度，不过你要意识到，熬夜会让你慢慢地变得消极。比如说，如果有什么事情让你当时感到很愤怒，但可能过一段时间你就想开了，平静下来了。如果你经常熬夜，这种愤怒情绪就会无端升级。这是很可怕的事情。

“生活中总会有些不顺心的事情，一般情况下过去就过去了。但是，对于熬夜者而言，这些不顺心会被放大，最终会影响他们的心态而做出某些出格的行为。”

听完这番话，杜晓寒一副若有所思的样子。我又接着说：“今天你迟到了15分钟，这挺不好的。”

杜晓寒不明白我为什么会抓住这个小事来说事，但还是赶紧道歉：“吴老师，对不起，下次我会注意的。”

我说：“我不是在追究这件事情，而是想借此事问你一句，在你经常性熬夜之后，类似事情是不是在增加？你做事是不是越来越不靠谱了？”

杜晓寒有些惭愧，点了点头，说：“确实是这样的。”

我说：“你看，这也是熬夜的危害之一，它让你的注意力、你的情绪难以控制，从而导致你在做事时力不从心。而失败的经历，则会让你产生更多的负面情绪，熬夜又进一步放大这些情绪——这完完全全是恶性循环啊！”

此时的杜晓寒，已经完全意识到了熬夜的危害，从主观上产生了矫正熬夜习惯的动力。他马上问我：“您说，我怎么做才能改掉这个毛病？”

如果是别的患者问我这句话，那么意味着我的心理治疗才刚刚开始，但是杜晓寒的情况不同——他之所以熬夜，只是因为对熬夜的危害认识不足，喜欢体验夜生活的滋味而已。

从本质上讲，杜晓寒并没有睡眠障碍症，我可以判断：既然他已经认识到了熬夜的危害，并产生足够强烈的矫正意愿，那么，事情就会变得非常简单。

我对杜晓寒说："不要把熬夜看成是你的所谓'毛病'。以前你之所以熬夜，是因为不知道熬夜的危害，我也从来没有把你当成病人来看待，只不过是一直在和你交流关于熬夜的有关知识而已。

"现在，你对熬夜这件事已经有了新的认识，我相信你很快就能改过来。你现在要做的就是按时按点睡觉，可能一开始会难以入眠，但不要着急，只不过是习惯而已。

"坚持下去，我敢保证，在半个月之内你就可以完全克服熬夜的习惯。到时候让你熬夜，你也不会再那么做了。"

杜晓寒站起身来，说："谢谢，我也觉得自己可以改过来。那我先走了，如果以后我要是还有失眠问题，还会来找您的。"

我点点，说："没问题，放心吧。"

看着杜晓寒离开的背影，我很开心。这是个好孩子，虽然有那么一点点叛逆，却是可以听得进道理的那种人，希望他可以彻底摆脱眼前的小小阴霾，拥有更美好的人生。

我还是那句话：每个人都有享受生活的权利，最重要的是，不要自我剥夺这种权利。

从杜晓寒离开到现在，他再没有联系过我，看来他彻底摆脱了熬夜的困境。为此，我很欣慰。

5. 关灯，拉上窗帘，手机静音

事实上，在我所遇到过的来访者中，熬夜问题比杜晓寒严重、干预过程比较复杂的例子不胜枚举。我之所以在这里把杜晓寒的案例拿出来讲给各位听，是因为这一案例非常具有普遍性。

现实生活中，这样的例子太多了，最让我担忧的是，如今社会上出现了一种可怕的现状——全民熬夜。

我估计阅读本书的读者可能 80 后、90 后居多，我现在问一下：“你们熬过夜吗？”

我相信，回答“熬过夜”的人，没有百分之百也会有百分之九十五。

我再问：“那么，你经常熬夜吗？”

回答“是”的人，也绝对会超过百分之五十。

大家似乎把熬夜当成了一种生活常态，这是作为一名心理咨询师的我最为担心的事情。

曾经有位来访者问我：“吴老师，你说我在熬夜的时候是喝茶比较好，还是喝咖啡比较好？”

说实话，听到这个问题的时候，我有点儿蒙。最后，我只好回避了这个问题，说：“我觉得不熬夜最好。”

对方却说：“这有点儿不太现实，一是我做编程工作，经常要加班找灵感；二是即便我夜里不工作，那白天工作了一天，我总该有点儿娱乐的时间吧？所以，只能利用夜晚时间放松一下自己。”

这就是当今大部分人的生活状态。

我不属于那种认为今不如昔，总感觉过去什么都比现在好的人，但实事求是地说，就睡眠这一问题而言，确实是今不如昔。现代人越来越多地投入到夜生活，并以之为常态，这确实是不好的趋势。

越来越多的人投入到夜生活大军里，他们不知道熬夜的危害吗？恐怕不是。但人啊，总能为自己的错误行为找到借口。

那些说工作太多需要熬夜完成的，我就想问问：“白天工作的时候，你是否全力投入了？是否有足够高的效率？”

我并不是说所有熬夜工作的人都是把本该在白天完成的事情放到夜晚来做，但据我所知，确实有一部分人是由于白天的工作效率着实太低，才会熬夜加班的。

有些人则说：“我们白天没有时间去娱乐，所以要在夜晚补回来。”

对于这种说法，一方面，我理解现代社会的节奏太快了，大家白天工作面对的压力确实不小。但是，另一方面，我请过惯夜生活的各位思考两个问题：第一，你是否存在过度娱乐的现象？第二，夜晚的娱乐，真的能让你放松下来吗？你是否会有“狂欢过后更加落寞”的感受？

其实，很多时候，熬夜者并不是娱乐时间不足，而是娱乐需求太旺盛。在心理学上有个词叫“快乐阈值”，意思是说：我们在体会快乐时有一个临界点，外界刺激到了这个临界点，我们才能感受到快乐。

但是，这个临界点会逐步提升。比如，一个从来没有吃过饺子的人，吃了一顿饺子会感到很快乐。但他要是天天吃饺子，那饺子就不会让他感受到快乐了，可能得吃鲍鱼、龙虾才行。

这个理论放到熬夜这件事上，就会发生如下情况：一开始，熬夜者玩到凌晨 1 点会感觉挺快乐的，可是天天都玩到凌晨 1 点，那么就感受不到快乐了。

怎么办？玩到 2 点呗！

于是，熬夜的程度越来越严重，而从中得到的快乐却越来越少，最终会产生“狂欢过后更加落寞”的心理状态。

除了以上两种常见的借口之外，关于熬夜还有各种千奇百怪的借口。

比如，有个女孩曾经对我说：“我熬夜是为了减肥。”

我当时就震惊了，问：“你为什么会有这种想法？”

女孩说：“我好多朋友在连续熬夜加班之后都瘦了，所以，熬夜肯定能减肥啊！”

我哭笑不得，对她说：“你的朋友之所以会瘦下来，一是因为工作压力大，二是可能饮食上欠规律把胃搞坏了，这跟熬夜没有半点关系。事实上，熬夜可能会让你变得更胖。”

我之所以这么说，是有科学依据的。因为，人在熬夜之后往往会摄入更多高热量的食物，而且睡眠不足还会导致第二天早上血液中饥饿激素水平上升，引发强烈的饥饿感，就会多吃一些。

这两个方面的原因，会导致熬夜者面临更多的肥胖风险。

在听了我的解释之后，女孩打消了熬夜减肥的念头。但是，她停止熬夜了吗？并没有。正如我之前所说：这些理由不过是借口罢了，他们就是喜欢过夜生活。

对于这个女孩，我对她进行了一个月的心理干预，才最终遏制住她的熬夜势头。

前一段时间，我在朋友圈里看到了那女孩的自拍照，问她："你的照片没有修饰过吧？"她说没有。

现在，女孩的熊猫眼消失了，气色好多了。我很欣慰。

扯远了，我们回到主题。

熬夜常态化是趋势，作为个人，我没有能力扭转这种局面，但是我希望可以通过我的工作和我的理论让更多人知道熬夜的危害，并早日从这种生活中走出来。

在本章内容中，我已经讲述了太多关于熬夜的危害，还有一个关键性的危害知识点，我准备放到最后来讲，因为这个危害是全方位、深层次的，那就是：熬夜将损害我们的免疫系统。

在这里，我就不讲述免疫系统的具体理论知识了，这也不是我的研究重点，我只是想说："为什么现在大都市里的人们的卫生习惯更好、医疗条件更佳，却更容易患上一些免疫系统的疾病？说白了，那就是跟熬夜有关。"

由于免疫系统关系到我们身体健康的方方面面，熬夜损害了我们的免疫系统，就会给我们带来各种各样的恶果。

我们有必要恢复正常的生活状态，所以，我劝各位熬夜者：现在开始限制晚上接触灯光的时长，努力使自己的睡眠模式更加贴近自然——关上灯，拉上窗帘，手机静音。

Part 5

潜意识：痛并快乐着，睡得太“深”也危险

对于自我感觉身体健康的你或我来说，睡眠中发生了意外的确令人猝不及防、惶恐万分。所以，如何保证我们在拥有睡眠质量的同时也拥有睡眠健康，是值得每个人重视和思考的问题。

1. 孟东来的话：我在睡梦中会无意识地暂停呼吸

每年 3 月 21 日是“世界睡眠日”，今年我们社区举办了一场“睡眠与健康”的宣传活动，免费为社区居民进行与睡眠有关问题的咨询。那天我正好休息，便为大家做了一场关于“睡眠健康问题”的讲座。

虽然很多人都知道睡眠对人的身体和心理健康十分重要，但对于睡眠，人们依然存在许多错误的认知，甚至大部分人根本不知道如何判断自己的睡眠是否健康、正常。

之前，我遇到过一名患者唐先生，他被长期的焦虑和忧郁折磨着，有时甚至会出现妄想情况，他一度认为自己患了精神病。

经过深入了解后，我发现唐先生的种种情绪问题却是由失眠所引起的。在改善睡眠情况之后，他的种种症状也都随之消失了。

和唐先生相类似的情况并不少见，我遇到过不少存在睡眠障碍的人都意识不到自己存在睡眠问题，他们通常会将睡眠不足所引起的种种生理不适跟其他疾病联系到一起，有时甚至盲目用药进行“自我治疗”。

还有一些人则正好相反，他们对睡眠质量的预期非常高，通常会给自己的睡眠状况设定一些“标准”。一旦不达标，他们就认为自己存在睡眠障碍。

我的一位朋友就是这样，他至少三次因为睡眠问题来找我做过咨询。但事实上，他的睡眠状况比我还要健康。

一提到失眠，很多人的第一反应就是“睡不着”。事实上，睡不着未必就是失眠。睡不着，描述的是一种状态，简单来说，就是在某个主观想要睡觉的时候却难以入睡。

睡不着的原因有很多，比如：其他时候睡得太久，身体不需要补充睡眠；睡觉时的周围环境不理想，让人难以进入睡眠，等等。这种状况在任何时候都可能发生，但并不是说只要出现这种情况，就说明你存在失眠问题。

对于睡眠时间，很多人的认知也存在一个误区，以为只有每天睡够 8 小时才称得上睡眠充足。比如，我有位朋友就始终认为每天睡不够 8 小时是一种失眠的前兆。

事实并非如此。8 小时只是一个普遍概念，每个人所需要的睡眠时间都有所不同。此外，在不同的年龄段，身体所需要的睡眠时间也会产生一定的变化，因此，“是否睡够 8 小时”并不能作为判断睡眠是否健康的唯一标准。

在向居民们讲解完这些有关睡眠的基本知识后，我给每位来听讲座的人都发放了一份“睡眠质量检测卷”，让大家根据上面列出的条款对自己的睡眠质量进行评分。

讲座刚一结束，一位长得矮矮胖胖、穿着一件太极款式的大褂子、笑起来很喜兴的男子叫住了我：“你好，吴医生，我想咨询一个问题，你现在有没有空啊？”

听到对方对我的称呼，我想起来人是谁了。他叫孟东来，50 多岁的年纪，刚搬来社区不久，听说是位大学教授，所以社区里的人都称呼他“孟老师”。

“孟老师，我今天休息，有什么问题要问我的吗？还有，我还不能称呼为医生，叫我小吴吧。”

刚一坐定，孟东来就从兜里掏出一本小笔记本，上面工工整整地记了不少笔记，内容是刚才我在讲座上提到的一些问题。

孟东来一边看着笔记，一边说：“我刚才听了你的讲座，讲得很好。我听你提到随着年龄的增长，睡眠也会老化，而且越来越显著。就是说，很多年纪大的人的睡眠都会越来越浅，而且慢波睡眠也会越来越少，是吧？”

“对，是这样。”我点头看着对方，果然当教授的人就是不一样啊，做笔记都这么认真。

孟东来想了想，又问道：“那我今年快 60 岁了，又应该怎么去判断——我睡得不好是因为年纪大了，还是因为失眠呢？”

我回答道：“通常来说，失眠的诊断主要是根据本人的主观诉求来判断，客观的诊断比较困难，毕竟不可能对每个失眠人都整夜使用脑电图来进行监测。孟老师，你先具体谈一谈自己的情况。”

孟东来收起笔记本，认真地说道：“年轻的时候，我的睡眠质量就不算太好，睡眠轻，夜里容易醒。最近这段时间吧，我感觉自己的睡眠反倒比之前好了很多，一段一段地睡得特别死。虽然有时中途会醒几次，但就是感觉怎么都睡不够，越睡越累，有时候白天

我今年快60岁了，该怎么判断我睡得不好是因为年纪大，还是失眠呢？
你先具体说下情况吧。
我这人睡觉太死，经常打着呼噜连呼吸都忘了，然后把自己憋醒，过一会儿又继续打呼噜了……因为这事，我老伴被吓到好几次了。
孟老师，你这个问题可不是单纯的失眠……
你很有可能是患上睡眠呼吸暂停综合征了。

打个盹儿或眯一会儿，起来后更难受，浑身感觉特别重……”

“如果睡得特别熟，那中间怎么还会醒？每天晚上睡觉的过程中，你大概会醒过来几次？”我迅速抓住孟东来描述中的疑点，疑惑地问道。

“会醒个四五次吧，其实我也记不太清楚了。”孟东来回忆了片刻，苦笑了两声，继续说道，“我也不知道自己睡得死不死，都是我老伴说的。她说有好几次听着我打呼噜，打着打着没声了，走过来一摸我鼻子下头，连呼吸都没有了，吓着她好几次。后来她发现我就是睡得太死了，把呼吸都给忘了，过一小会儿自个儿又会继续打呼噜了……”

听完孟东来的描述，我皱了皱眉头，严肃地说道：“孟老师，你这个问题可不是单纯的失眠，你很可能患上睡眠呼吸暂停综合征了。”

2. 高敏感人群的内心世界

在前面的章节中，我曾数次强调过深睡眠带来的好处。

但在现实生活中，很多人对“深睡眠”都存在误解，就像孟东来这样，不少人会把“叫不醒”“梦游”“尿床”，甚至是“暂停呼吸”等睡梦中出现的非正常现象都归结于睡得太“死”。但事实并非如此。

我们对睡眠深度的描述，主要是根据不同睡眠阶段的脑电波状态进行划分的。当我们处于慢波睡眠状态时，由于大脑进入深度休息期，此时睡梦中的人确实会比平时更难唤醒，而醒来之后也需要一段较长的时间来恢复意识。

但需要注意的是，一个健康的睡眠者在深睡眠状态时应该是平和又放松的，绝不会因为睡得沉而出现这些异状。

人体的运作方式在白天与夜间有较大差异，以呼吸为例，在一天过程中，由于控制呼吸的机制在我们处于清醒状态和睡眠状态时运转方式会有所不同，因此，呼吸状态就会有所不同。

当我们从清醒状态进入睡眠状态时，身体机能对各器官的有意识控制也会逐渐减弱。在这个时候，呼吸控制会变得较为被动，体内气体交换反应的稳定性也会被削弱。

当我们处于睡眠中时，由于某些影响因素会使呼吸质量有所不同。当这些因素使我们在睡眠中出现呼吸周期性中断的情况时，我们就将这种症状称为睡眠呼吸暂停综合征，而这也正是孟东来所出现的睡眠问题。

睡眠时，呼吸中断对睡眠质量有非常大的影响，通常会引起失眠，并导致日间出现嗜睡情况。同时，呼吸的暂时中断还可能引发血氧水平的明显下降，对睡眠者的心血管健康和大脑功能具有严重的潜在危害。

若长时间被这种症状困扰，还可能导致我们在睡眠后的觉醒期内出现认知能力减弱的现象。

一般来说，睡眠者在睡眠中出现完全停止呼吸至少 10 秒钟的状况时，就可以被定义为“呼吸暂停”。而当睡眠者在 1 小时的睡眠时间中，至少出现 5 次的呼吸暂停情况时，则会被诊断患有睡眠呼吸暂停综合征。

我曾遇到过一位病情较为严重的患者，他在睡眠时，1 小时内呼吸暂停的次数最多高达 30 次。

患有睡眠呼吸暂停综合征的患者，通常都会伴随日间嗜睡的情形，而随着时光的流逝，这种感觉会越来越强烈。

即便这些人在白天进行小睡，也无法缓解这种嗜睡感。甚至有相当一部分患者在白天进行小睡时，由于睡眠中仍旧出现呼吸中断的现象，睡醒后会感到更加疲惫。

呼吸的中断会导致身体内的血糖水平下降，并让患者不断从睡梦中醒来，这会极大损害患者的睡眠质量。因此，在这一病症的折磨下，很多因失眠而引发的问题也会逐渐显露出来。

除了日间嗜睡之外，最为典型的症状就是一系列的认知障碍。比如，记忆困难，注意力难以集中，工作效率低下，警觉性明显降低，等等。

睡眠时，呼吸暂停主要有两种类型，即阻塞性呼吸暂停和中央呼吸暂停。通过专业诊断筛查，通常能确定患者是属于哪一种呼吸暂停类型。多数情况下，存在这一问题的患者，要么同时具有两种类型的呼吸暂停情况，要么就是其中一种类型占主导地位。

阻塞性呼吸暂停的具体表现是：患者一直在努力进行呼吸，但呼吸道中却没有空气循环，即气道因某种原因被阻塞；中央呼吸暂停的具体表现则是：患者没有出现明显的努力呼吸情形，其肺部也没有气体进入。

其中，阻塞性呼吸暂停的情况要比中央呼吸暂停常见得多。

在我具体解释睡眠呼吸暂停综合征的过程中，孟东来的脸色变得越来越凝重，过了很久，他才沉重地问了句：“小吴，我这病严重吗？会不会真像我老伴开玩笑说的，睡着睡着就……睡死了？”

我愣了一下，这才意识到，大概是我向对方讲述了太多理论性的解释，以至于让他云里雾里的同时，也在他心中夸大了这一病症的严重性。

我笑了笑，赶紧安抚对方：“当然不会，这种病症没有你想的那么可怕。当然，我们也必须足够重视它，毕竟这种状态长期持续的话，会对我们的生活和工作造成很大影响。”

见孟东来的表情渐渐缓和下来，我接着说道：“你刚才提到，说白天常会出现嗜睡的情况，因此你的症状很可能主要是阻塞性呼吸暂停。所以，我建议你采取一些措施来控制一下自己的体重。”

听了我的话，孟东来有些尴尬地摸了摸自己的肚子，说道：“难道是因为我太胖，脂肪把呼吸道给堵了？”

“其实，也可以这么理解。”我笑着解释道，“我们在睡觉的时候，口咽部的肌肉张力会降低。很多肥胖的人，从外观上就能看到脖子显得比较短粗，脂肪的堆积通常会使气道因受到挤压而变得比较狭窄。

“当口咽部肌肉的收缩不能保证气道开放的时候，在我们的上

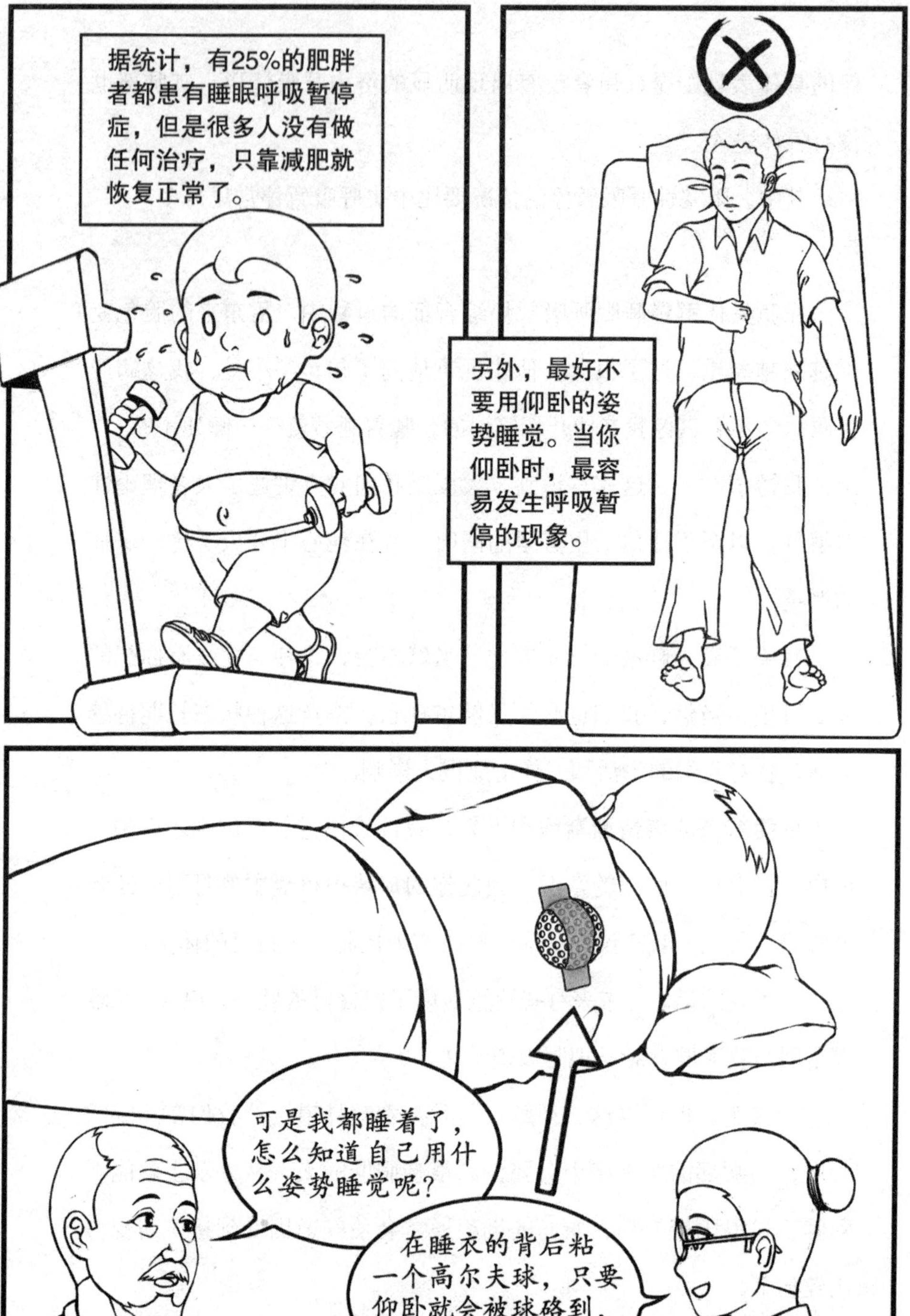
据统计，有25%的肥胖者都患有睡眠呼吸暂停症，但是很多人没有做任何治疗，只靠减肥就恢复正常了。
另外，最好不要用仰卧的姿势睡觉。当你仰卧时，最容易发生呼吸暂停的现象。
可是我都睡着了，怎么知道自己用什么姿势睡觉呢？
在睡衣的背后粘一个高尔夫球，只要仰卧就会被球硌到，自然变回侧卧了。

呼吸道里就会形成一个或者多个堵塞，就是这些堵塞导致空气无法进入我们的呼吸道里。所以，即便我们在做呼吸的动作，但呼吸道里却没有空气在循环。

“另外，喝酒或者服用安眠药等有催眠作用的物品，也都会让我们口咽部肌肉的张力下降。以后你一定要注意，尽可能避免摄入含有催眠物质的食品，以免加重病情。

“当然，想要减肥减脂，控制体重才是根本。据统计，有近四分之一的肥胖者都出现过这种睡眠呼吸暂停的情况，其中有相当一部分人在减肥之后，根本不需要做任何治疗就能够恢复正常。”

孟东来深吸一口气，苦笑道：“看来我要暂时与最爱的红烧肉说再见了……真没想到，肥胖不是病，胖起来真能要人命啊！”

我点了点头，一边在本子上记录下孟东来的情况，一边向他建议：“虽然从你的表征上来看，初步可以判断你的情况很可能属于我刚才说的阻塞性呼吸暂停，但我还是建议你到医院去做一做详细检查，看看你的心脏情况。另外，再排查一下神经系统方面的情况，以及是否有糖尿病。

“这些疾病通常与中央呼吸暂停综合征有着密切关联。再说了，到了你们这个年纪，按时做一些身体检查也是很有必要的。另外，在睡觉时最好不要用仰卧的姿势，当你仰卧时最容易发生呼吸暂停的现象。”

孟东来为难地看着我，低声道：“小吴，我也想遵医嘱，可问题是，我都睡着了，哪里还能知道自己是用什么姿势睡的呀？”

确实，一个睡着的人怎么可能控制自己的睡姿呢？即便入睡时是侧卧，在睡眠过程中有翻身动作就可能变回仰卧的状态。

我突然想起之前有一个类似情况的患者所采取的一种方法，于是说道："你可以尝试让孟阿姨帮你在睡衣背后粘一个高尔夫球，这样你只要一仰卧就会被球硌到，自然变回侧卧了。这是我一位患者曾经想出来的办法，非常实用。"

3. 不能容忍鼾声如雷的自己

社区活动过了两个月后的某一天，我妈突然带回来满满一大袋子土特产，说是孟阿姨从老家带来给我的，感谢我给孟东来"治"好了病。

我这才知道，原来那天孟东来咨询完问题回去之后，孟阿姨就强行让他去学校请了一个半月假，直接和他一块回乡下老家了，就干一件事——减肥。

第二天早上，我出门上班，一下楼就跟孟东来夫妇面对面碰上了。孟东来正苦着脸，穿着一身运动装被孟阿姨逼着跑步呢！

前一秒，孟阿姨还一副疾言厉色的样子，一见着我，立马就笑眯眯地走了过来，朝我招呼道："小吴，今天这么早上班呀？"

我冲他们笑了笑："孟阿姨好，你们也挺早的啊！"

"不早不行，看看他那身体！"孟阿姨说着转头瞪了丈夫一眼，随即又冲我笑道，"说起来真的要好好谢谢你，要不是你，我还天天惯着他，让他吃得跟肥猪似的呢！

“说起来，你真厉害。我照你说的方法在他睡衣上粘了个球，又逼着他天天运动、节食，他现在睡得比之前好多了，打呼噜的声音也小了不少，我都好长时间没能像现在这么安稳地睡过觉啦！上个月回乡下，他瘦了10斤，我监督的！”

看着孟阿姨那骄傲的样子，再看看孟东来明显小了一圈的大肚腩，我忍不住笑了起来，心里也不由得感叹：孟老师真是好福气啊，有个这么关心他的好老伴。

说起打呼噜，我又想起一件特别令人哭笑不得的事情。

之前，我接待过一名同样患有睡眠呼吸暂停综合征的患者，他打鼾的声音特别大，常常吵得他老婆睡不着觉，最后夫妻俩都出现了失眠问题。

无奈之下，他老婆和他开始分房睡。可即便如此，有时候他的鼾声还会“穿透”卧室墙壁把老婆从睡梦中惊醒。

有一天晚上，他老婆又被如雷般的鼾声吵醒后，怒气冲冲地跑到他的卧室，给了他胸口一拳，打得他胸前青紫了一大片，两人差点儿因为这事闹离婚。

打呼噜是一种十分常见的现象，就一般人群而言，睡觉会打呼噜的人高达10%～30%。其中，有习惯性打呼噜状况的男性大概有9%，而女性大概有3.6%，这个比例并不算低。

因此，很多人都将打呼噜看作是一种正常现象，哪怕是已经发展到影响正常生活了，大部分人也只把打呼噜看成是一种“坏习惯”

而已。

如果你仔细观察过打呼噜这一现象的话，就会发现睡眠者打呼噜是在用嘴巴代替鼻子呼吸——在吸气时，气流通过振动口腔后上方的软腭，便会发出我们听到的呼噜声。

其实，这是一种非常不健康的睡眠状态。

之前，我总结过不良睡眠习惯，强调过在睡觉时用嘴巴呼吸非常不卫生，不仅容易吸入过多的灰尘、病菌，在相对干燥的秋、冬季还可能刺激呼吸道黏膜，发生感染。

此外，国外的一些调查资料还显示，打呼噜和高血压以及脑梗死的发生也有一定关系，如果患有冠心病，打呼噜甚至还存在着致死的风险。

所以，当你发现自己有打呼噜的习惯时，应该重视起来，及早找到打呼噜的根源。

之前说过，打呼噜是用嘴巴代替鼻子呼吸而发出的声音，因此很多有打呼噜习惯的人通常都患有鼻炎、鼻息肉等鼻腔疾病。当然，也有部分人是从小养成的不良习惯。

此外，肥胖人打呼噜的比率，要远远高于正常体重的人。

当然，并不是出现打呼噜的情况就说明你的睡眠不健康。很多时候，一些睡觉姿势可能会对你的呼吸道产生压迫感，从而导致鼻腔呼吸不顺畅，此时也会出现短暂的打呼噜现象，只要换个姿势即可平息。

因此，偶尔出现打呼噜的情况并不奇怪，但如果打呼噜变成一种习惯，就应该引起重视了。

既然打呼噜不是健康睡眠的常态，那么，自然有相对应的治愈方法。其关键就是找到问题根源，然后再对症施治。

如果你是因为某些鼻腔疾病而导致打呼噜，可以到医院五官科就诊，寻求医治；如果你是因为肥胖而导致睡眠时呼吸不畅通，那就立即投入减肥大军，控制好你的体重；如果你是自小养成的不良习惯，那么就赶紧制订计划改变这种习惯。

4. 健康的一半是心理健康，疾病的一半是心理疾病

人们对很多睡眠问题都存在认知误区，比如孟东来所患有的睡眠呼吸暂停综合征，无论是他自己还是他的妻子，都以为在睡眠中呼吸暂停是因为睡得太沉。

好在孟东来的症状并不严重，且得到了及时的治疗。否则，耽误下去很可能会引发更多棘手的问题，比如睡行症。

说到睡行症，相信大家并不陌生。但客观来说，很多人对这一病症同样存在许多误解，因此还产生了不少奇怪的传闻。

关于睡行症的传说非常多，甚至不少恐怖故事、侦探小说中也有大量关于睡行症的描写。不过，大多数人对于“睡行症”三个字缺少正确的理解，还好，它还有另一个不太准确但让人耳熟能详的名字——梦游症。

为什么说梦游症一词并不准确呢？

从字面意思来看，梦游症给大家的印象就是人在睡梦当中无意识地游荡，甚至不少梦游者的行为都是根据其梦中的行动进行的。

实际上，梦游症发生于慢波睡眠第3、第4期深睡阶段，处在这一阶段的人是不会做梦的。所以，睡行症或者睡游症是对梦游症更加准确的说法。

不少人对于睡行症都敬而远之，认为这种疾病不仅可怕，而且诡异。从医学的角度来解释，睡行症只是一种特殊形式的睡眠障碍，发作时间是在患者入睡后的1～3个小时。与传言不同的是，睡行症患者大多数都会睁开眼睛，伴随着茫然的表情、迟缓的动作，开始漫无目的的行为。

比如，大多数睡行症患者都会茫然地走来走去、喝水、吃东西、上厕所、翻找物品，极少数患者会有奔跑、跳跃、哭喊或者走出家门重复自己在白天做过某些行动的症状。

这类患者会重复一些日常做的简单事情，但是对于身处的环境却没有一个正确的认识——尽管大多数患者都会躲开电线杆、沟壑等危险的障碍，但还是有少数患者会走入危险场地，或者无意识地做出一些危害他人的行为。

睡行症一般会重复发作，并且在发作时会有一定的行为模式——与之前的行为大致相同，就算是走出家门，每次去的地方和路线也都是一样的。

睡行症并不像人们想象的那么危险，大多数患者如果没有被别人叫醒，一般会在几分钟或者半小时左右结束睡行，自己能回到床上继续睡觉。

也有少数患者不会回到床上，而是找一个自己认为安全的地方去睡觉。但无论是在哪里睡觉，第二天醒来的时候都不会记得前一晚的行为。

引起睡行症的因素主要有精神紧张、发烧、流感、呼吸道疾病、癫痫以及服用精神类药物。对于疾病，相比于治疗来说，预防更加重要。

睡行症更多发生在儿童身上，而男孩患上睡行症的概率要高于女孩。一些性格活泼、想象力丰富的女孩身上也会有睡行症的情况出现，如果只是偶尔发作，并不能认为是病态的。

睡行症儿童患者多数是在 4 岁左右开始发病，发病的频率大约是每周一次，并且伴有尿床和夜惊的症状。大多数人在 12 岁左右会自行失去这些症状，并不需要进行特别治疗。

如果儿童到了 8 ～ 15 岁还发病，并且每周发病的频率超过 3 次，那么就要进行系统的治疗。否则，成年以后可能还会持续发作。

对于睡行症的防治，要从心理、药物、精神和环境等多方面进行考量，过度熬夜、长期疲劳、服用催眠药物、饮酒等行为都会诱发睡行症。

从心理层面来讲，消除患者的恐惧、紧张或者焦虑心理，对睡行症有良好的改善作用。

Part 6

危机干扰：不要用“别人也一样”作为自己的主张

永远不要把睡眠当成你的赌注！

永远不要认为睡眠是你可以轻易放弃的东西！

如果你不善待自己的睡眠，用睡眠做筹码去满足自己的某些欲望，最终会受到来自不良睡眠的惩罚。

减少睡眠，可能会给你带来某些暂时性的收益，但是这小小的收益与你所失去的东西比起来，根本不值一提。所以，请下定决心，不管何时、出于何种目的都不要动睡眠这块奶酪。

1. 黄嘉文的话：一开始，我是故意失眠

前几天，我在网上看到一则新闻，大概内容是说：某女明星身高 168 厘米，体重有 47 千克，却从粉丝那里得到了一个“胖妞”的爱称。

我不禁汗颜，这世道怎么了？瘦成麻秆儿还能被叫“胖妞”，这让其他身材正常的女性怎么活？

在这个时代，“瘦身”几乎成了美体的先决条件，对此我感到很困惑。事实上，我认识的很多女性也对此感到困惑，但这并不能阻止无数女性疯狂追逐“瘦”，执着地将减肥作为毕生事业。

对于减肥这件事，我本身并不反感，通过合理的饮食控制和适当的运动来保持身材，这是一种非常健康的生活。但很多女性为了达到快速减肥变瘦的目的，通常会采取一些对健康有损的方法，比如过度节食、服用减肥药物等，这就得不偿失了。

说到这里，不得不提起我曾经的一位来访者黄嘉文。

黄嘉文长得白白净净、水灵灵的，身材苗条，声音甜美，唱歌特别好听，一点儿也不比电视上的那些明星差。

不过在我看来，黄嘉文只是第一眼美女——这么说，是因为仔细端详，你就会发现第一眼的黄嘉文跟看第二眼的黄嘉文，存在电

商卖家秀与买家秀之间的微妙区别。

之所以说“微妙”，是因为你第一眼看到的黄嘉文从五官上来看确实算得上美女，但仔细看，却发现她妆容之下的面部略有浮肿，而且哪怕她化了妆也遮挡不住眼下的黑眼圈和疲惫的气色。至于身材，仔细打量她那时髦的装扮后，就能发现她身材的干瘪和姿态的怠惰。

虽然黄嘉文的声音很好听，但她明显精神涣散、注意力不集中，看上去像是没有睡好。而且，她的发质也不好，有些干枯。

毫无疑问，黄嘉文看上去就是一副饱受失眠困扰的样子。

“吴老师，过几个月我要参加一场选秀比赛，你有没有法子让我这阵子好好睡觉？近期我什么方法都用了却不好使，再这么下去，我还怎么去参加比赛啊……”还未等我问话，黄嘉文就已经语气急切地开口了。

原来，黄嘉文在一家大型连锁超市做行政管理人员，晚上有时间了就会去酒吧驻唱。她唱歌挺不错的，经常参加各种比赛，还拿过一些不错的名次，一直怀揣着“明星梦”。她口中所说的比赛，估计又是某个地区的歌手选秀。

“先说说你的情况吧。看你现在的样子，失眠应该持续了一段时间吧？”我一边询问黄嘉文，一边拿出本子记录她的情况。

黄嘉文揉了揉太阳穴，皱眉回忆了片刻才说道：“差不多有两年……是三年多了吧，具体时间我也记不清楚了。

“之前还好好的，有时睡不着吃两片药就可以了。可是这半年来，我越来越感到睡不好，之前吃一片药就能睡着，现在得吃两三片才管用。而且吃了药还是睡不好，第二天起来头昏脑胀的，做事也集中不了精力……”

“你开始出现失眠的情况时，有没有发生什么特别的或者印象深刻的事情？好好想一想，那段时间发生的事情最好都说一说。”我继续问道。

黄嘉文摇摇头：“没发生什么太特别的事……”

“有做过身体检查吗？很多身体上的疾病也会导致失眠。”我注意到黄嘉文一副欲言又止的样子，就冲她摆了摆手，“想到了什么，你就说什么。”

“其实……”黄嘉文咬了咬嘴唇，有些不好意思的样子，看了我一眼才说道，“其实，刚开始我是故意失眠的……就是故意让自己不睡觉，结果后来也不知道怎么的就真的睡不着了，成了现在这个样子。”

听到这话，我顿时愣住了，感觉一头雾水。我见过太多因为睡不着而痛苦挣扎的人，可现在，眼前这一位美女竟是故意逼迫自己失眠的，这还真是新鲜事啊！

我疑惑地看着黄嘉文，问道：“为什么？”

黄嘉文抿了抿嘴唇，吐出两个字：“减肥。”

“减肥？”我瞪大眼睛看着黄嘉文，“我听说过节食减肥、运动减肥、药物减肥，你这倒是新鲜，失眠减肥，谁教你的啊？”

“我有很多特别瘦的姐妹都是容易失眠的那种人，晚上总是睡不着。这不睡觉就能消耗更多的热量，所以自然就瘦了！”黄嘉文理直气壮地说。

一开始，我是故意失眠的。结果，后来真的睡不着了。
强制让自己失眠？为什么要这么做？
因为……减肥。
失眠减肥？真是胡闹！谁教你的啊？
我有很多特别瘦的闺蜜，都是容易失眠的人。我想，不睡觉能消耗更多的热量，自然就瘦了！
这根本没有科学依据！失眠并没有减肥功效，很多失眠者甚至会反向增重。
可我确实瘦了！之前我试过节食和运动，但总坚持不下来。自从强迫自己失眠后，我瘦了整整7千克啊！
你的姐妹们会失眠，可能是因为减肥不当或者减肥过度引起的。

看着黄嘉文一副笃定的样子，我简直哭笑不得，耐着性子对她说：“失眠并不能帮人减肥，很多失眠者甚至反而会出现体重骤增的情形。

“再说了，你的姐妹们能瘦下来，与她们是否失眠没有直接关系。如果她们一直在减肥的话，那么，她们的失眠问题甚至很可能是因为减肥不当或者减肥过度引起的……”

还没等我说完话，黄嘉文就自信满满地说道：“吴老师，你看我确实瘦了。之前，我试过节食也做过运动，但总坚持不下来，自从强迫自己失眠后，我瘦了整整 7 千克！可见这法子真的有用，只是……我现在调不回去了。”

2. 大部分失眠者都是“瘦子”

我遇到过不少因为减肥不当而引发失眠问题的女性，通常来说，容易引发失眠问题的减肥手段主要有两类：过度节食和服用减肥药。

比起运动减肥来说，节食减肥显然更加快捷、有效。

合理范围内的节食对身体是有益的，它能帮助我们缓解肠胃的负担和压力。但如果节食过度，那么很可能会让我们对营养摄入不足而造成血糖过低或营养缺乏，从而影响我们的正常身体功能，包括睡眠。

减肥药，通常也是偷走减肥人群睡眠的元凶之一。

目前，市面上部分减肥药都含有刺激神经的成分。如果长期服用这种成分的减肥药，那么，随着身体抗药性的逐渐形成，这些人很可能就会出现失眠症状，甚至引发情绪不稳定、幻觉和妄想等情况。

那么反过来，失眠对我们的体重是否有影响呢?

大多数失眠者，在一段时间内都出现过体重骤增的情况。这是因为，睡眠不足会扰乱人体的新陈代谢，同时还会扰乱瘦素在夜间的分泌。

瘦素，是脂肪细胞所产生的一种饱感激素。当我们的身体需要能量时，瘦素水平会降低，使我们产生饥饿感，提醒我们要进食了。反之，当身体能量充足时，瘦素水平会升高，使我们感到饱足。

正常来说，我们的身体能够承受连续 8 小时或整晚睡眠中的断食。在睡眠中，人体的代谢需求会减弱，因此，即便没有摄取食物，人体的血糖水平也会保持在一个恒定的范围内。

同时，当我们的作息很规律时，瘦素在夜间的分泌水平往往会升高，从而向我们的身体发出“无需进食”的信号。

睡眠不足，一方面会加大身体在夜间的能量消耗，另一方面则会导致瘦素水平降低。因此，无眠之夜往往会刺激我们的食欲，让我们进食更多。

此外，据科学研究显示，每天缺少几个小时的睡眠，也会对人体的糖类代谢造成明显影响。研究表明，当一个人经历失眠之后进食高糖食物，其血糖水平会远远高于平时，就好像患有糖尿病一样。

这就意味着长期的失眠，很可能会增加患糖尿病的风险。

可见，从科学角度来说，失眠对减肥没有任何帮助，反而可能会破坏身体的新陈代谢，让我们的体重不断增加。

那么，问题来了：黄嘉文在失眠之后，为什么整整瘦了 7 千克呢？

事实上，很多饱受长期失眠折磨的人中，也有相当一部分人变得越来越消瘦，难道他们的体质跟其他人不一样吗？

其实，这很容易理解。之前我说过，失眠者会出现体重骤增的情形，更多的是因为失眠会刺激食欲，从而让他们进食更多。

以黄嘉文为例，她主动让自己失眠是为了减肥，因此在无眠的过程中，她必然不会放任自己去进食。如此一来，失眠状态促使她消耗更多的能量，而她又有意识地拒绝为身体补充能量，长此以往，她当然会越来越瘦。

但需要注意的是，这种减肥方式，完全是以消耗自己的身体健康为代价的。

很多因长期失眠而越来越消瘦的人，通常都是因为消化系统出了问题导致胃口不佳、消化不良，以至于身体无法正常吸收足够的营养。

因此，这些因睡眠问题而变瘦的人，通常还会伴随一些其他的不良症状：浮肿，皮肤水分流失，皱纹出现，肤色暗淡，暗疮加剧，等等。

这一点，女性朋友应该深有体会。比如，每次熬夜之后，连上妆都会变得比较困难。

国外有一所睡眠研究室曾招募过一批志愿者，让他们进行一项睡眠实验：先让志愿者连续5天睡满8小时，然后再连续5天只睡5小时，并为这些志愿者拍摄了一组照片，以记录不同的睡眠时间对他们的面容将会产生什么样的影响。

结果令人震惊，仅仅3小时的睡眠之差，却让他们的容貌看上去至少相差了5岁。

当我把这些对比照片放在黄嘉文的面前时，她下意识地摸了摸自己有些浮肿的脸和干枯的头发。以健康为代价换来的消瘦，不知此刻的她心中作何感想。

如果你是和黄嘉文一样爱美的女孩子，那么请相信我，健康的睡眠比任何昂贵的化妆品更能焕发你的容光。

3. 别让药物依赖毁了你

在与黄嘉文进一步接触中，我发现她的问题远比我想象的更严重一些。

大概从四年前开始，黄嘉文就出现了轻微的睡眠障碍。那时候，她刚开始为自己的歌手事业奋斗，积极参加各种歌唱比赛。也就是从那时起，她对自己的身材产生不满，认为自己有点儿胖了。

据黄嘉文描述，在数次比赛中，名次排在她之前的女歌手的唱功都不见得比她好，但她们都比自己瘦，在镜头上显得好看。因此，黄嘉文认为，阻碍自己歌唱事业的关键点就在于——自己的形象不够好，也就是不够瘦。

那时候，因为这些繁重的思绪所困扰，黄嘉文的睡眠情况已经不太好了。但她并未引起重视，反而在听说“失眠减肥法”之后特意让自己失眠，人为地加重了自己的睡眠问题。

后来，故意失眠成了顽固性失眠，但黄嘉文还是没有放在心上，只是让朋友帮忙买了瓶安定片，睡不着就吃一片。之后，她又陆续换过几种不同类型的安眠药，都是起初服用时效果很好，后来的药效就渐渐降低，需要不断增加用药量才能保证睡眠。

黄嘉文如今的睡眠障碍，完全是由她自己一手造成的。起初，因情绪焦虑而产生睡眠问题时，她不仅没有引起重视，反而故意把这个问题放大，人为地打乱自己的睡眠节律，从轻微失眠转变成顽固性失眠。

而当失眠问题已经严重影响到她的正常生活之后，她非但没有向正规的医疗机构寻求帮助，反而盲目用药来“自治”失眠，以至于现在形成了药物依赖。

睡眠是人类正常的生命活动，任何助眠药物都只是治疗失眠的辅助手段罢了，我们怎么能依靠这些小药片来控制自己的生命活动呢？

而令人头痛的是，有相当一部分患者会在没有咨询专科医生的情况下，通过盲目吃药来改善睡眠，直至引发诸多问题之后才考虑

黄嘉文认为阻碍自己事业的关键点，在于自身形象不够好，也就是不够瘦。
“失眠减肥法”之后又睡不着了，黄嘉文特意吃药来维持自身睡眠问题。
人在长期使用催眠药物后，对药物会产生很强的依赖性。
不吃我，你睡得着吗？
从精神上说，失去药物会让人极度不安，并加深对药物的渴望。
你说的对，我需要药……
长期服药后一旦停止，人体就会发生一系列异常反应，如肌肉震颤、浑身抽搐等。
你唯一的选择，就是赶快停药！

就医或寻求心理帮助。

很多治疗失眠的药物都有成瘾性，但值得注意的是，任何一种助眠药物都无法彻底治愈失眠。此外，任何一种助眠药物也无法对人产生长久而持续的效用。

人的身体具有自我保护功能，不管服用什么样的催眠药物，对于身体来说都是异物——在它们进入人体之后，都会被药物代谢酶所代谢，从而排出体外。而药物代谢酶的活性，会因连续用药而越来越高。

因此，同样剂量的催眠药物在服用一段时间之后，被破坏并排出体外的速度会越来越快，其效果自然会明显降低。于是，想要保持最初达到的药效，我们就不得不增加药物剂量，以对抗身体的药物耐受性。

但是，任何一种药物，我们都不可能无限地增加剂量。俗话说“是药三分毒”，药物在进行长期、大剂量的使用后，其毒性和副作用都会不断增强，对身体所造成的伤害可能比失眠更加严重。

因此，你唯一的选择就是赶快停药。

而最棘手的问题是，在长期使用催眠药物之后，你对药物已经产生了依赖性。从精神上来说，失去药物作用会让你产生极度不安的感觉，以及对药物的强烈渴望；从身体上来说，长期使用已经让药物成为你正常代谢所需的一种成分，一旦失去这种成分，你的身体机能就会产生一系列异常反应，如肌肉震颤、抽搐等。

这就是药物成瘾的后果。一旦形成这种成瘾性，想要停药就必须挨过一段痛苦而难熬的戒瘾过程。

因此，我对所有睡眠障碍患者都数次强调过，尽量不要盲目用药。想要治愈失眠，就必须找到引发失眠的根源，从源头上解决问题后才能重拾健康的睡眠。

4.“暴力”重塑生理节律

黄嘉文的治疗（主要以精神疏导为主）已经持续了一个多月，我纠正了她很多的不良睡眠习惯。在此期间，我建议她逐渐减少服用助眠类药物的剂量，直至最终实现完全停药。

或许是为了那场即将到来的歌唱比赛，在整个治疗过程中，黄嘉文十分配合，甚至暂停了她在酒吧的驻唱工作。但令人失望的是，她的睡眠状况依然没有得到明显改善。

从精神方面来说，黄嘉文其实是个自视甚高、踌躇满志的女孩子。从数次的谈话中，我发现她过去一直将自己无法成为大明星的原因归咎于自己的身材不够纤瘦，不符合现代人的审美标准。而现在，成功减肥的她又认为，失眠问题成为阻碍她实现“明星梦”的最大障碍。

对于即将到来的那场歌唱比赛，黄嘉文看得太重要了。她认定那场比赛将成为自己人生的转折点，而能否在比赛前解决自己的失眠问题，似乎成了一切成败的关键点。

事实上，繁复的思想和情绪，对黄嘉文的睡眠必然有一定影响，但想要改变她的想法不是一朝一夕的事情。因此，要想尽快解决她的失眠问题，精神疏导并不是唯一的选择，这不仅需要花费过多精力，并且在短期内可能收效甚微。

撇开精神状态不说，单从生理方面来看，黄嘉文失眠的根源就在于生理节律的紊乱。

长时间失眠和不健康的睡眠习惯，已经彻底打乱了黄嘉文的生理节律，让她的睡眠变得像婴儿一样没有规律。想解决这一问题，首先就要把她的生理节律调整到正常状态。

以往遇到这样的情况，我会建议对方服用一些助眠类药物来重塑自己的生物钟，从而将生理节律调整到正常状态。但黄嘉文不同，长期的服药史让她的身体对很多助眠类药物产生了耐药性，使药物作用不甚理想。

此外，黄嘉文在白天的精神状态一直非常萎靡，常常处在一种似睡非睡的状态。

实际上，这是一种代偿，是大脑在过分疲劳状态下对“局部”进行的一种抑制——简单来说，由于睡眠不足，大脑就利用白天的时间相继安排各个脑区进行“休假”。

这样一来，在白天得到休息的脑区，在夜晚就容易变得兴奋，使大脑各个部分之间睡眠与觉醒的状态难以统一，最终造成了黄嘉文如今的状态：白天醒不了，晚上也睡不好。

在探索黄嘉文治疗方案的过程中，国外的一个病例给了我很大启发。

一名技工在一次事故中受伤入院。病愈之后，由于存在一些轻微的后遗症，医生便建议他暂时不要上班，在康复之前多多休息。

出院后的两个月里，这名技工都居住在自己的公寓里，每天看看电视、读读报纸，过着无所事事的生活。饿了就去买东西吃，困了倒头就睡，他的生活几乎完全失去了时间概念。

两个月后，这名技工的睡眠状况开始变坏，并时常感到疲乏，对一切事情都失去了兴趣，恨不得把每天的时间都消耗在床上。

这样的状况一直持续了两年，技工始终都无法恢复正常的生活，最后只得向医生寻求帮助。

医生对这名技工进行了全天候的观察，发现他的睡眠极其没有规律，就像婴孩一样一天能睡数次，每次的睡眠时间也很短暂。

医生建议技工重新建立有规律的作息习惯，但他靠自己根本无法做到。于是，他花钱请了一名专业看护，每天负责帮助他在白天保持清醒并进行适度活动，逐步将睡眠时间集中在夜晚。进餐时间也都尽可能保持规律性，以强化治疗效果。

最终，经过 6 个月的努力之后，这名技工终于重新建立起正常的作息规律。

这名技工的问题显然要比黄嘉文严重得多，既然他都能够重建正常的作息规律，我相信黄嘉文也可以。

结合黄嘉文的实际情况，我很快想到了一个治疗方法：采用冲击疗法，强行统一大脑各个区域的兴奋点及抑制规律，“暴力重塑”黄嘉文的生理节律。

冲击疗法通常是用来治疗恐惧症的，其原理就是用患者所恐惧的东西不断去刺激、冲击他的脑神经，让他逐渐适应，从而消除对这种东西的恐惧感。

此前说过，黄嘉文之所以白天精神萎靡、夜晚难以入睡，是因为她大脑皮层的各个区域难以统一睡眠和觉醒。那么，就设法给予黄嘉文足够的刺激，让她大脑皮层的各个区域都强行处于持续兴奋的状态。

这样，经过一段时间，这些区域便可能因陷入疲劳而同时产生抑制。反复数次之后，想必就能让大脑各个区域统一兴奋点和抑制的状态。

当然，我并不能保证这个方法对黄嘉文绝对有效，而且，强行让大脑持续兴奋也可能引发一些不良后果。

当我把这种治疗效果和风险都清楚地告知黄嘉文后，她毫不犹豫地答应了。

黄嘉文让表妹和一个闺密帮助她进行治疗，这个治疗方案一共分为三个阶段，持续大约 3 ~ 4 天。

第一阶段：为黄嘉文安排一系列紧张而劳累的活动，如唱歌、游泳、逛街、购物、打麻将等，每一项活动之间都不留任何休息时间。表妹和闺密轮流陪伴并监督黄嘉文，禁止她以任何方式进行休息，强迫她始终保持清醒状态。

这一过程持续了 28 个小时。当天早上 8 点开始到第二天中午 12 点左右，黄嘉文实在无法继续坚持，倒在床上酣然入睡。

第二阶段：8 小时后，即晚上 8 点左右，黄嘉文被强行唤醒，

治疗方案分为三个阶段，第一阶段：第一天为黄嘉文安排一系列紧张又劳累的活动。比如唱歌、游泳、逛街购物等，并且每一项活动之间都不留任何休息时间。
shopping
第二阶段：第二天早上6点强行唤醒黄嘉文，重复第一阶段的事情，持续到下午6点左右。第三阶段：第三天凌晨2点强行唤醒黄嘉文，继续安排紧凑活动。这次持续到晚上10点左右。
起来运动，治疗可不能半途而废！
闺密
昨天的运动量太大，好累……
三个阶段的治疗完成后，一星期内要严格将入睡和起床时间保持在晚10点和早6点，并坚持按时就餐、运动、收拾屋子等。
一个星期后，黄嘉文的睡眠问题取得了突破性进展，她的精神和脸色也好多了。

继续重复第一阶段的事情，看电视、打麻将、早晨爬山看日出等。这一阶段持续到第二天下午 6 点左右，黄嘉文无法抵挡睡意，不顾表妹和闺密的喧闹，酣然入睡。

第三阶段：同样是在 8 小时后，即凌晨 2 点左右，再次强行唤醒黄嘉文，继续安排紧凑的活动。这一次，大约在第二天晚上 10 点左右，黄嘉文再次入睡。

次日早晨 6 点左右，经历 8 小时睡眠的黄嘉文再次被唤醒。起床之后，按照之前的安排，黄嘉文进行了一些简单运动，然后收拾房间、上班，恢复正常的生活节律。

在完成三个阶段的治疗后，我要求黄嘉文在之后一星期内严格将入睡和起床时间保持在晚上 10 点和早晨 6 点，并坚持按时就餐、运动、收拾屋子等。

一个星期后，黄嘉文的睡眠问题取得了突破性进展，她的精神和脸色也好了很多。

5. 请记住这些正确的睡眠习惯

在人的一生中，睡眠占据了大约三分之一的时间。即便如此，依然有很多人都难以拥有健康的睡眠。据一份调查显示：在全世界范围内，失眠症的发病率已经达到 27%，其中，女性失眠症的发病率大约是男性的 1 ～ 2 倍。

确实，从青春期开始到各个年龄阶段，女性所面临的睡眠问题往往比男性更多。而睡眠对女性所造成的影响，也往往高于男性。

一方面，女性的情感体验和情绪波动都比男性更加丰富，要知道，睡眠与情绪有着千丝万缕的关系；另一方面，女性在中年之后，由于荷尔蒙变化所带来的种种不适，也会对睡眠造成影响。

在治疗黄嘉文的过程中，我发现她有许多不良睡眠习惯，而这些不良睡眠习惯也是众多女性都可能有的。这些习惯看似微不足道，却成为我们获得健康睡眠的一大障碍。

我将这些不良习惯进行了一些总结，大家可以进行对照来自我检测一番。

*** 带妆睡觉。**

很多女性，尤其是年轻女孩都喜欢化妆，却不太重视卸妆——很多时候，由于时间仓促或太累，可能不卸妆就直接去睡觉。

这种不良习惯对皮肤的伤害非常大，因为残留的化妆品往往会造成毛孔堵塞，诱发粉刺、发痒等皮肤问题，长此以往可能导致皮肤加速衰老。

*** 储存睡眠。**

许多年轻人都有熬夜的习惯，有的人是为了工作，有的人是为了娱乐。有些人为了熬夜通常会提前睡几个小时，实际上，这对你的身体健康几乎没有什么帮助。

我们真正需要的是有规律的、高质量的睡眠，而非时间长却质量欠佳的睡眠。

*** 穿戴内衣入睡。**

许多女性为了防止胸部下垂，通常在睡觉时也会穿戴内衣。

据有关专家研究发现，内衣虽然对女性的胸部有保护作用，但如果每天穿戴内衣超过 17 个小时，则可能会大幅度增加患乳腺肿瘤的风险。这是因为，乳房长时间受到压迫会导致淋巴回流受阻，从而致使体内的有害物质滞留在乳房。

*** 睡眠时间不规律。**

长期睡眠时间不规律，往往会打乱生理节律，从而导致睡眠不足或睡眠质量太差。

*** 戴饰物入睡。**

很多女性都喜欢佩戴一些小饰品，甚至在睡觉时也没有摘卸的习惯。这种行为对身体十分有害。

一方面，有些饰品是由金属材质制造，长期与皮肤接触，不知不觉中可能会导致重金属中毒。另一方面，一些经过特殊处理的饰品，如具有夜光功能的饰品会产生辐射，长时间的接触会对身体造成伤害。

*** 睡前饮酒。**

随着现代生活方式的改变，人们的夜生活变得丰富多彩，尤其是一些职业女性往往会因为应酬需要经常饮酒。

事实上，睡前饮酒对身体的健康有很大影响。医学研究表明，睡前饮酒容易导致入睡后出现窒息的状况。这种情况非常危险，长此下去容易导致高血压、心脏病的发生。

*** 睡前生气。**

人在发怒的时候会导致心跳加速、呼吸急促、思绪万千，睡前生气往往会让人难以入睡，从而降低睡眠质量。

*** 睡前饱餐。**

“胃不和，则卧不安”，这条中医理论很有道理。睡前吃得太多会增加胃肠负担，而胃在消化食物时又会对大脑产生刺激，让大脑变得兴奋。这样一来，自然难以安然入睡。

*** 睡前饮茶或咖啡。**

睡前不管是饮茶还是喝咖啡，都会刺激我们的中枢神经，从而引起兴奋感，这对于睡眠没有任何好处。

*** 枕头高度不适宜。**

从生理角度上来说，8 ～ 12 厘米的枕头高度是较为理想的。枕头太低容易造成“落枕”，或因脑充血而导致睡醒后头脑发昏、眼皮浮肿；而枕头太高，则会影响呼吸道的畅通，且对颈部没有好处。

*** 枕着手睡觉。**

有的人睡觉时会习惯把手枕在头部下面，这样很容易影响血液循环，导致上肢麻木、酸痛。

*** 蒙头睡觉。**

很多人习惯把被子蒙住头睡觉，尤其是在较冷的天气，但这种睡眠习惯非常不健康。

当我们用被子蒙住头睡觉时，随着被子里二氧化碳浓度的逐渐升高、氧气浓度不断下降，容易导致大脑缺氧，从而使大脑不能从睡眠中得到充分休息，降低睡眠质量。

*** 张口呼吸。**

鼻毛的作用就是帮我们过滤空气中的一些杂质，如灰尘等。因此，我们通常是用鼻孔进行呼吸的。

但有些人在睡觉时会有张嘴呼吸的习惯，这不仅容易吸进大量灰尘，并且还可能致使气管、肺部以及肋骨等受到冷空气的直接刺激。

*** 对着风口睡。**

我曾数次强调过，睡眠环境要保持空气流通，但需要注意的是，千万不要睡在风口上。人在进入睡眠时，对环境变化的适应力会降低，对着风口睡很可能会受凉生病。

*** 坐着睡。**

不少人在学生时代都有坐在椅子上睡觉的经历。坐着睡，往往会使人的心率减慢、血管扩张，从而加重脑缺氧的情况。因此，坐着睡觉，醒后会让我们觉得头晕、耳鸣。

*** 相对而睡。**

很多夫妻在睡觉时都会相对而睡，这也是一种不太健康的睡眠习惯。

相对而睡，往往会导致双方产生氧气“争夺战”，或导致一方经常吸入另一方所呼出的废气，从而造成大脑缺氧，影响睡眠质量。

*** 不关电热毯睡觉。**

在冬天的时候，很多人因为怕冷常常会整夜开着电热毯，这是一件非常危险的事情。

一方面，若是电热毯的质量存在问题，可能会引发火灾或触电的危险；另一方面，人在入睡时，被窝的最佳温度应该在33℃～35℃摄氏度之间，相对湿度则应该保持在55%～60%之间。在这样的环境下，人体皮肤的血管都会处于收缩状态，血流量减缓，使身体得到充分的调整和休息。

整夜开着电热毯入睡，则会让被窝内的温度持续升高，从而刺激皮肤血管扩张，导致血液循环加速，影响身体生理机能的调整和休息。

6. 饮食助眠：吃得对，睡得香

当我最后一次见到黄嘉文，是在“暴力”重塑她生理节律的一个月之后。她是来跟我告别的——她顺利通过了歌唱比赛的海选，准备到另一座城市去参加集训。

那天，黄嘉文穿着一条黄色的连衣裙，化了淡妆，整个人看上去比我第一次见她时精神多了。我们约在第一次见面的餐厅，一边吃饭一边随意聊天，话题主要还是围绕“睡眠”的问题。

“吴老师，我觉得你特别厉害，自从按照你给的方法开始做那个治疗后，这个月我完全没有吃药，睡得可好了！不过，过两天我就要去集训了，也不知道换了环境会不会又开始失眠……”黄嘉文说着，脸上露出一丝担忧的表情。

事实上，如果条件允许，我当然更希望黄嘉文拒绝这次集训机会，继续保持正常的生活规律一段时间。

但显然这是不可能的，黄嘉文之所以积极配合治疗，就是为了能顺利参加这场比赛。因此，我只能给她一些鼓励和安抚，顺便叮嘱她：“没事的，只要你保证昼夜节律，该起床就起床，该睡觉就睡觉，不会有什么问题的。

“另外，你在饮食方面也稍微注意一下，像大蒜、辣椒、油条等辛辣和油腻的食物尽量少吃，多吃点香蕉、苹果、核桃、牛奶、蜂蜜这一类食品，对你的睡眠情况有帮助。”

在这段时间的相处中，我发现黄嘉文特别喜欢吃一些辛辣刺激的食物，尤其爱吃特辣水煮鱼、麻辣小龙虾等。

听到我的话，黄嘉文赶紧放下刚夹起来的水煮肉片，有些疑惑地看着我，问道：“吃什么东西，跟睡得好不好还有关系？”

“那当然啦！”我笑道，“你吃多少食物、摄取哪些营养，都会对你的睡眠情况以及其他生理机能造成一定的影响。

“我以前有一个患者一直睡不好觉，治了很久都没有效果。后来，我发现他睡不好的原因特别简单，就是他非常喜欢喝可口可乐，加之那段时间天气特别热，他几乎每天都要喝四瓶以上冰镇可乐来解暑。可乐里含有的咖啡因具有提神作用，导致他一直都睡不好觉。”

黄嘉文点点头：“我知道了，接下来的集训对我来说可是很重要的，我得方方面面都注意好才行。”

告别黄嘉文后，很长一段时间内我都没有见过她，也不知道会不会某天突然在电视某节目上看到她的身影。

Part 7

个人情怀：每天做一个情绪稳定的成年人

有人坚信成功人士的睡眠更好，朋友圈也经常有人发布类似于“为什么越是精英，睡的时间越短”之类的文章。

人们之所以相信这个理论，是因为有许多成功人士的真实例子证明了这一点。

但是，在你也选择相信之前，我希望你能思考几个问题：哪些“成功人士”每天只睡4个小时？这样的“成功人士”出现过几个？有多少“成功人士”每天睡7个或9个小时？

如果你用心去解答这个问题，相信你对这种理论会有自己的认识。

1. M 先生的话：我不是睡不着，是醒得太早

本书即将进入尾声，关于各种情绪引发睡眠问题的典型案例，我也讲得差不多了。

在之前的几章里，我给读者传达了这样一个理念：睡得好，更成功。当然，这里说的“成功”，并不仅仅是指拥有更好的事业、更多的收入。

我认为，改善睡眠带给人最大的成功是——以此为契机，发现、塑造更好的自己，也会迸发出自我控制、自我调整的信念。

这是花多少钱都买不到的经验与成果。

说到这里，可能有些喜欢抬杠的朋友会问：“你说睡眠好更成功，那么是不是也可以反过来讲——越是成功的人，睡得就越好。”

对于这个问题，我的答案是：NO！

根据我的观察，发现大部分成功者都拥有良好的睡眠，但是成功者存在睡眠问题的概率却比普通人还要高。

我曾与一位有睡眠问题的成功者打过交道，他就是 M 先生，刚接触时他的睡眠问题很大。

本书案例涉及的所有主人公用的都是化名，M 先生也是化名。如果我说出 M 先生的真名，有些读者肯定听说过他，尤其是从事于互联网行业的读者而言，这个名字用如雷贯耳来形容可能并不过分。

总而言之，M 先生是那种无论从哪个方面定义都可以被归类到成功者行列中的人。

某日，M 先生的助理找到我，说 M 先生需要一位心理咨询师的帮助，尤其能对于睡眠状况提出一些建议，希望我抽时间与 M 先生见面谈一谈。

说实话，初见 M 先生时，我的内心稍微有些忐忑。我不知道以 M 先生的见识和博学，是否可以接受像我这种心理咨询师的建议。

我直接问："M 先生好，我有什么能帮到您的？"

M 先生很客气地说："一直以来，我的睡眠就有问题，甚至严重影响到我的身体状况。听说吴老师用独特的方法帮助了很多睡眠有问题的人，所以想请你帮我调整一下。"接下来，他把自己的情况详细地介绍了一遍。

我不知道各位读者想没想过这样一个问题：按道理说，晚上熬夜和早上起床都是在对抗来袭的睡意，二者之间的差别不大。可对于大部分人来说，熬夜的时候不会觉得痛苦，早上起床就会觉得非常痛苦。

有种理论这样说：晚上睡不着，是因为不敢轻易结束庸庸碌碌的一天；早上起不来，是因为没有勇气面对崭新的一天。这种说法虽然有着浓浓的"鸡汤"味，但是也包含了一些心理学道理。

一般而言，庸庸碌碌、充满焦虑的生活，容易让人晚上失眠，这也是我所遇到大部分患者形成睡眠障碍的原因。但是，M 先生的问题却恰恰相反，他之所以睡得少，主要是因为起床早。

在过去很长一段时间里，M先生每天只睡3～4个小时。他的工作很忙，每天要忙到很晚才睡觉，但是并没有晚上睡不着的状况，入眠很快。问题是，每次睡到差不多4个小时的时候，他就会从睡眠中醒来。

其实，大部分人也是如此，半夜会习惯性地醒来一次，起夜上厕所或口渴喝口水，接着便又睡着了——不同的是，M先生醒来就睡不着了。

M先生之所以醒来就睡不着，是因为每次他只要一醒来，就觉得这崭新的一天还有很多比睡觉更"享受"、更重要的事情要做。就这样，M先生成了一个典型"少睡更成功"的典范。

M先生说："以前，我觉得自己的睡眠状况没有什么问题，而且我身边很多事业有成的朋友都和我一样，每天睡得很少，所以我也把这种生活视为常态。

"但是，前不久我被检查出糖尿病。医生告诉我这可能跟睡眠不足有关系，所以，我才意识到自己可能需要调整一下作息时间，这才找到你。"

我问M先生："之前您的睡眠那么少，会不会时常感到困倦？"

M先生想都不想就说："不困，而且我曾以此为傲，认为自己拥有过人的精力。但现在看来，我会想：这算不算是一种毛病呢？"

我想了想，换了一种问法："那您之前有没有感觉到非常困的时候？"

M先生也想了想，说："有，就是每个项目完成的时候，我会在内心里给自己放一两天假。说也奇怪，那段时间就会非常困，几乎每天的睡眠时间都能超过 10 个小时。我不理解的是，只要开始新项目，这种感觉就消失了。”

M 先生说完这番话，我对他的情况已经有了一些基本认识——可以确定，他不属于那种“天生觉少”的人群。

天生觉少，是因为这个人的基因与常人有所不同，具体来说是某一种基因发生了变异。普通人每天需要睡够 7 ～ 9 个小时才会精力充沛，而这些“基因变异人”只需要睡 6 个小时甚至更短的时间就足够了。据统计，每 100 个人中可能会有一个这样的人。

我之所以断定 M 先生不属于这类人，是因为他说每当项目结束之后会进入一个睡眠活跃期，每天的睡眠时间超过 10 个小时。而那些天生觉少的人，是做不到这样的。

那么，M 先生为什么平时睡得那么少？我分析一下原因，很简单，就是因为他的成功欲激发了他的意志，这种意识足可以对抗睡眠的冲动。

有人说：成功就是最好的兴奋剂。

对于成功者而言，可能外人看来他是在没日没夜地苦干，但其实他是在享受工作的滋养。因为工作对于他而言是一种享受，所以，他可以很容易地调动起自己的意志力来对抗一切有碍于工作的因素，其中就包括睡眠。

于是，我对 M 先生说：“首先，我对您表示尊敬，因为您有超强的意志力，这肯定也是您成功的一个因素。其次，我现在初步断

俗话说：
“成功是最好的兴奋剂。”
成功
对于成功者而言，工作反而是一种享受，所以他会更好地调动自身意志力来对抗一切有碍工作的因素，其中就包括睡眠。
您睡得少还不困，是因为您的意志力抵制了睡眠冲动。
睡眠冲动是什么东西？
睡眠冲动可以理解为睡意。人的睡意不是突然爆发，而是不断积累的。
一般来说，人在早上的时候最清醒。
然后每过一段时间，就会消耗精力，增加睡意。
直到晚上，人的精力耗尽想去睡觉。睡觉本身就是个释放睡意的过程。
我明白你的意思了：人的睡意在没有完全释放的时候，很难清醒过来。
但是我可以，因为我的意志力克制了睡意，所以我睡得少还不困。

定，您之所以睡得少而且还不困，不是因为您天生睡眠少，而是因为您的事业心和意志力抑制了自己的睡眠冲动。”

“睡眠冲动？”M先生有些疑惑，问道，“难道人想睡觉不是因为他困了，而是这个睡眠冲动在起作用？”

我点点头，说：“是的，所谓睡眠冲动，用通俗的话来讲可以理解成睡意。我们的睡意不是突然间爆发的，而是在一整天的时间里不断积累的。正是由于不断积累的睡眠冲动导致了人感觉到困，而不是因为人困了才产生睡眠冲动。”

M先生琢磨了一下这句话的意思，问道：“那你的意思是说，我没有办法正常积累睡意？”

我摇摇头：“不是您没有办法积累睡意，而是您的意志从一开始就在对抗睡意。对于一般人来说，早上起来最清醒，然后每过一段时间，他的精力就会被消耗一部分，睡意便增加一分，直到晚上再也熬不住时便睡去。现在问题就来了，您在工作的时候是不是很少感觉到累，很少觉得自己应该放下手中的工作去休息？”

M先生点点头，说：“是的。可是我之前已经说过，我不是睡不着，而是醒得太早。”

我回道：“其实是一回事儿。睡眠本身是个释放睡意的过程，大部分人在睡意没有完全释放的时候是很难清醒过来的。但是您却可以，这是因为您的意志克制了睡意。”

M先生有点儿恍然大悟的样子，说：“这样啊，我还是第一次听说有这回事，看来关于睡眠这件事，一般人还是了解得太少。那你说说，我这种情况应该怎么处理呢？”

说实话，当时我还没想好该如何具体解决 M 先生的睡眠问题，因为他的情况跟我以前所处理的所有案例都不同。

我一直坚信一件事情，那就是正确的、高效的工作方式，需要健康的睡眠作为支撑——一个人连觉都睡不好，每天浑浑噩噩的，谈何效率？谈何创造力？

但是，M 先生这个案例颠覆了我的认知——他虽然长期处于缺觉状态，却依然能保持着极高的工作效率。如果不是因为睡眠问题引发了糖尿病，或许他根本不会意识到缺觉这件事情会给身体带来负面作用。

医学研究表明，睡眠不足可能会导致碳水化合物的代谢和激素的分泌异常，这两个原因会增加患上糖尿病的风险。

M 先生告诉我，当医生告诉他患上糖尿病的原因与睡眠不足有关时，他的确有些怀疑，但又不得不信。他问我：“如果改善了睡眠，对我的病情是不是也会有一些帮助？”

我点点头，说：“那是肯定的。别说像您这样因为睡眠不足而引发的糖尿病了，就是那些因为其他原因患上糖尿病的患者，也要重视改善睡眠。”

M 先生又问我：“那你说说，我怎么才能够让自己的睡眠回归正常？”

我想了想，说：“M 先生，您的具体情况有些特殊，我回去先想一想，然后再制订出一个解决方案。这样，三天后我再来，到时候咱们再谈具体的方案，可以吧？”

M 先生表示同意，然后我就离开了。

2. 不要把“水是透明的”视为理所当然

一般来说，对于职业男性的失眠问题，解决手段比较简单，主要有以下几个方面：

一、限制白天的睡眠时间，尽量避免午睡，把一天的“睡意”都累积到晚上爆发出来。

二、加强自我调节，应用一些心理学手段加速入眠。

三、保持良好的睡眠环境，除了卧室的卫生环境要好之外，还要避免噪声污染和光源污染。

四、规律睡眠，强制性规定上床睡觉和起床的时间。

五、一旦上床，绝不做与睡觉无关的事情，比如看手机、看书、玩电脑等事情。

通过上述方法再辅以心理干预措施，一段时间之后，睡眠问题可以得到初步改善，慢慢地养成良好的睡眠。

眼下看来，这五个方法对 M 先生的作用可能并不大。他本身就没有白天睡觉的习惯，所以第一条方法的意义不大。他的主要问题不是失眠，而是主动减少睡眠时间，所以第二条方法也没有意义。至于改善卧室环境、规定强制性的睡眠时间和睡眠习惯，可能会起到一些作用，但这并不是解决问题的关键。

关键在于，要瓦解 M 先生主观上认为“少睡更成功”这个执念，这可能不太容易。

我想起有个朋友曾经讲过这样一件事情：

他一直以为公司的大领导属于那种少睡多干的典型，因为他经常看到在很晚的时候，领导的办公室里还亮着灯。他也经常以此自我安慰："领导虽然成功了，但生活却过得这么累。我虽然只是个普通员工，但好在轻松自在。"

直到有一次，他得到一个进入领导办公室的机会，从此，他的那种观念就彻底打消了。因为他看到：领导的办公室比他住的房子还大，最里面是一间休息室。

后来，这位朋友对我说："那时候我才知道，什么成功人士只睡几个小时都是骗人的，因为他们可以在办公室里、飞机头等舱上、专车上给自己创造良好的睡眠条件，随时随地可以好好休息！"

这虽然是个小小特例，但也足以说明所谓成功者睡得更少的说法，其实是旁观者的错觉。

不知道各位有没有这样的体会，如果想去说服或影响一个人，很多时候不仅仅取决于你说的话、讲的道理是否正确，更取决于你与被说服人的"位置关系"。

意见就如同是水，高处的水流向低处很容易，低处的水流向高处则很难。就比如马云给一个普通人讲什么道理，普通人都能容易接受，而一个普通人想要说服马云，难度肯定要大得多。

更为关键的是，这世界上确实存在着一些睡眠较少的成功人士，而且他们也坚信睡眠少是自己的竞争力之一。例如：托马斯·爱迪生是全球知名的发明家，据记者采访后报道，当时他每天只需睡3～4个小时，他将睡觉描述为“人类原始时期的遗物”。

关于爱迪生的这番话，我坚决不认同。一个人一天睡12～14个小时显然是不健康的，如果所有人都睡3～4个小时，那么后果将会更严重。

除爱迪生之外，比较著名的睡眠少的成功者还有几位。比如说苹果公司总裁库克，据传他每天只睡4小时。

正是因为有这些人的存在，所以很多人会认为“睡得少，更成功”是真理。

但事实上，我曾经对成功人士的睡眠状况做过一项统计，结果显示：睡得少的成功者只是少数，大部分成功者都非常重视睡眠的质量与时间。比如说沃伦·巴菲特，他每天大概早上八点半到办公室，下午五点半准时下班，工作时间不到9个小时，睡眠时间超过7个小时。

万达集团董事长王健林，每天晚上11点准时休息、早上6点起床，睡眠时间超过7个小时。马云每天睡几个小时，我们不得而知，但是在一次访谈节目中，有嘉宾曾经提到：“马云每天都会睡懒觉。”由此可知，马云的睡眠时间绝不会太少。

我们有理由推断，大多数成功人士的作息时间都比较有规律，睡眠时长一般在8小时左右。但是很多时候，正常案例很难引起我们的重视，而那些非同寻常的案例反倒会让我们觉得那才是常态。

这是因为，我们很多时候只能看到经过某种筛选而产生的信息，而没有意识到筛选的过程，因此忽略了被筛选掉的关键信息。

简单来说，就是有些宣传“睡得少，更成功”的文章，他们会筛选出一些特例来“证明”自己的观点，让人觉得文章的内容“好有道理”。事实上，更多否定这一观点的例子被过滤掉了，我们根本看不到。

如果我们并不属于那种天生睡眠少的人群，听信了“睡眠少，更成功”的理论，很可能会对身体的健康造成影响。

曼纳·伊奥尼斯古女士是美国一家数字营销公司的总监，如果按照普通标准衡量的话，她可以算得上是一名成功人士。

最初，伊奥尼斯古也是一个跟睡眠争取时间的人——减少睡眠时间，增加工作量。但是，在经过一个无眠的加班之夜后，她在开车回家的路上出了车祸。

所幸事故并不严重，却浪费了伊奥尼斯古更多的时间。从此以后，她一直坚持良好的睡眠习惯，每晚11点上床睡觉，早上7点起床。

在改善了自己的作息习惯之后，伊奥尼斯古的直接感受是：“这样做的好处是，我可以完成更多的工作，更容易达到目标，能解决过去不可能解决的诸多问题。”

这是一个走出睡眠误区的典型案例，但是伊奥尼斯古走出误区的契机源于一场意外事故，这是不可复制的。所以，想要让M先生也走出这个误区，就需要一种更加聪明的做法。

我决定采取激将法。

在第一次见面之后的第三天，我来到了M先生的办公室。

见面之后，我问M先生：“这几天，您睡得怎么样？”

M先生叹了一口气，说："跟以前一样。"

我说："每天您那么早醒来，一定是有很多事情要亲自处理吧？"

M先生点了点头，说道："当然，公司的大小事情无不让人操心。"

我反问道："那您有没有想过，一家公司最好的管理制度应该是什么？"

M先生没有想到我会把话题扯到公司管理上，很明显，他不认为我在这个领域能提出什么有建设性的意见。出于礼貌，他还是问我："你觉得呢？"

我说："几千年前，老子在《道德经》里就提出了'无为而治'的观点。我认为，好的管理体制不需要管理者事无巨细地事事插手，却依然能保证企业的正常运转。"

M先生笑道："你说的有些道理，但那种境界太过理想化了。如今的市场格局瞬息万变，管理一家企业就好像驾驶车辆——如果驾驶的是牛车，你打个盹儿没啥问题；驾驶汽车也可以允许你稍微分一下神，但足够危险了；如果你驾驶的是战斗机，并且正在与敌人战斗，那就绝不能有丝毫大意。"

我马上指出本次谈话的重点："可是这架飞机也并不是您一个人在驾驶，您还有许多下属，他们可以帮您分担一些责任，不是吗？"

M先生没有说话，过了一会儿，他才说道："我不放心。"

我说："或许这是因为您对自己的企业没有信心，或者说，您对自己所制定的制度没有信心。"

M先生看着我笑了笑，说道："你这是在激我，想让我放下手头的事情来配合你的治疗，是吧？”

我摇头道：“错！这不是在配合我，是您要自我调整。您觉得自己有太多事情需要操心，可谁又不是呢？如果一个人想要掌控一切，不管他是什么职业、什么身份，都有操心不完的事情。

“在有睡眠障碍的人群中，有白领、学生、家庭主妇，他们都觉得自己有操心不完的事情，所以夜不能寐。在这一点上，您和他们没有什么本质上的区别，要想找回自己的初心，就必须重新认识自己的处境和心境。”

M 先生思索了一会儿，说：“所以，你觉得我需要放下事业来调整自己的状态？”

我加重了语气：“放，但也不放。放的是您自己事无巨细的控制欲，不放的是真正属于您的那部分工作。”

M 先生仰身靠在椅背上，说：“你说的倒是也有些道理，我确实需要一段时间来放松一下自己。其实，我也想看看，这一大摊子事离了我会是怎样的状况。”

我看劝说有了成效，立马跟进：“那您就试试看。从明天开始，您睡醒的时候不要再想着有多少事情需要自己亲自去处理。您不妨抱着旁观者的心态去观察一下，由自己建立起来的商业帝国，是否能在自己离开的时候也会正常运转。我想，这也是一种考验。”

对于 M 先生这样的商业成功人士而言，“考验”二字仿佛有无穷的魔力，他们总是希望面临挑战、应对难题。所以，当我说完这番话之后，他显得有些兴奋，说：“没错，这也是一种挑战，我还真想看看呢！好了，就这么决定，之后我会再联系你。”

3.“积极人”的阶段性恐慌和无助

在诸多睡眠障碍患者中，M 先生这种情况属于“非典型困难”。如果没有疾病的困扰，很多人都会羡慕 M 先生的意志力吧？毕竟，“不睡觉”“少睡觉”的想法大有市场。

现实生活中，有些人把睡眠视为享受，于是沉迷于无度的睡眠中，浪费了不少大好时光；有些人把睡眠视为累赘，于是千方百计地想要减少睡眠时间，却耗空了精力。

我在上大学时也曾失眠过。在我失眠最严重的那段时间里，我感觉睡眠抛弃了我，求之而不得。到后来，我抛弃了睡眠——既然睡不着，便不睡了。

那段时间，我一直在与睡眠作战。事后想起来，我才知道自己是在跟一个不可能战胜的对手抗争——你与睡眠作对，就是在折磨自己。

人总是希望能控制一切，但是在睡眠这件事情上，越是想控制却越控制不住，所以必须顺其自然。而我的工作，就是帮助大家走出与睡眠较真儿的困局，回归到正常的生活状态。

很多人对于睡眠这件事情缺乏尊重，认为睡眠只不过是人蜷缩在床上无谓地消耗掉几个小时而已。那么，我想问问你：既然睡眠没有意义，人类为什么要在进化的过程中养成这个习惯呢？

我们可以想象，有多少人类祖先曾经在睡梦中被外来的侵略（人为或动物）夺取了生命，但是他们依然选择将睡眠进行到底——这当然是因为，不睡觉这件事情的危害要比睡眠过程中可能面临的威胁更加可怕。

现在，我们不必担心在睡梦中被野兽袭击或是遭遇各种人为的灾难，于是睡眠成了一种享受。但是，越来越多的人忘记了睡眠的必要性，开始拒绝睡眠。这是非常荒谬的行为。

我们再回到M先生的话题上，很明显，他是属于那种把睡眠当成累赘的人，恨不得终生不睡。如果不是患上了糖尿病，他到现在依然不知睡眠的重要性。对于他来讲，人生有太多需要完成的事业，时时刻刻都在抢时间，最后抢到了睡眠的头上。

可是，跟睡眠抢来的时间，真的是“有效时间”吗？恐怕未必。

我承认，即便是长期处于缺觉状态，M先生依然能保持这种旺盛的精力和较高的工作效率。但是，如果他能保证良好的睡眠，是不是会更加睿智、更加高效呢？

这也是我迫不及待需要验证的一个结果。

在第二次与M先生见面之后，他说过一段时间会主动联系我。我原本以为这个时间会比较长，没想到仅仅一个星期后，我就接到了他的电话。

电话是M先生亲自打来的，他开门见山地说：“吴老师，我觉得你有必要再过来一趟，今天有时间吗？”

我看了一下行程表，说：“好的。”

M 先生说：“那就下午 3 点半见，我在办公室等你。”

当我准时来到 M 先生的办公室时，M 先生正坐在沙发上悠闲地泡着茶，见我进来，他指了指身边的位置，说道：“请坐。”然后，他把泡好的茶给我倒了一杯。

我端起茶抿了一口，忍不住说：“好茶！”

M 先生笑了：“茶自然是好茶，不过关键在于品茶的心境。”

我有些窃喜：“哦？看来您近期睡得不错。”

M 先生没有直接回答我的问题，有些答非所问地说：“人啊，有时候就像发条，拧得越紧越有力量。但总是绷得太紧很容易断开，还得时不时地松一下，这样才能长久！”

我问：“那您现在松下来了吗？”

M 先生说：“松下来了。那天你走之后，我想了很多。我回想自己过去这几十年来的经历，发现我的人生其实并不如自己想象的那般精彩，因为在我的生活里，似乎只剩下一件事情——工作。

“我就想啊，当初我辛苦打拼的时候，跟自己说要挣到足够下半辈子花的钱，然后就去享受人生。等我挣够了这些钱后，我又对自己说，我要把公司做成行业前三名，那我就可以退休了。

“现在这个目标也实现了，但我还是不能退休，因为我发现，此时公司已经从一艘小渔船变成了航空母舰。小渔船好放下，航空母舰上那么多人、那么多项目，可不是说放下就能放下的。

“我跟着这艘航空母舰继续往前走，总以为是自己驾驶着它，实际上，却是它在推着我走。”

我点头道："恭喜！看来您真是想开了。"

M 先生笑了笑，说道："谈不上真正想开了，但总算是想明白了一些东西。

"第一天的早晨，我又早早地醒来，习惯性地起床然后准备去工作。洗漱到一半时，我才突然想起来，咱们说好了要放下工作一段时间。于是，我就把衣服脱了，继续回到床上躺着。

"我却怎么也睡不着了，因为我总担心公司会出乱子。当时我有些纠结，心想要不要起床去公司看看，不过到最后还是把心一横，心想爱怎么样就怎么样吧。没想到，我还真的又睡着了。"

我马上问："睡得好吗？"

M 先生说："不好，中途我醒过来几次，每次醒来都需要下一次决心才能够再次睡着。那天，我睡到了早上 9 点，然后起床去公司。走进公司大门的时候，所有员工都在用一种不可思议的眼神看着我。"

我问道："可能他们从来没有见过您这个时间来公司吧？"

M 先生点了点头，说道："是的。我到了公司之后，发现除了大家看我的眼神有点儿奇怪之外，一切都很正常，很多我担心的工作，部门主管和相关员工都已经处理好了。

"当时我就在想，不管怎么说，这些事情最后都是要交给他们做的。现在即便我不参与，他们也都干得挺好，我以前是不是有点儿过于操心了？"

此时，我不好说什么，便没有接话。

第一天，我很早就醒了，洗漱到一半的时候才突然想到说好要放下工作一段时间。于是，我脱了衣服，继续回屋休息。
啊，我差点儿忘了！
可躺在床上，我怎么也睡不着，总是担心公司会出乱子。
到最后，我心里一横，心想什么都不管了，没想到还真睡着了。
我睡到早上9点，才起床去公司。我发现除了员工看我的眼神有些奇怪之外，一切都很正常。我就在想，我以前是不是过于操心了。
看起来公司一切正常啊……
?
第二天，我还是习惯性早起。但这次我不纠结了，醒来又睡了，而且中间醒的频率也降低了。
随后几天，我的睡眠状况一点点改善，越睡越香。
这就表示您正在还之前欠的“睡眠债”，也就是补觉。

M 先生继续说：“第二天，我还是习惯性地早早就醒来了。这一次我不那么纠结了，在家里溜达了一会儿后就直接上床又睡了，而且中间醒的频率也降低了。

“随后几天，我的睡眠状况一点点改善。到了昨天，我早上醒来之后，最多睁开眼 5 分钟后又睡着了，而且睡得非常香，醒来的时候居然都到 10 点多了。”

我说：“那您睡的时间有点儿太长了，不过这也是难以避免的，因为您现在正在还之前欠下的‘睡眠债’，也就是在补觉。”

M 先生问：“那我这个‘睡眠债’到什么时候能还清？”

我想了想，说：“如果偶尔一次缺觉的话，一般一个星期到两个星期可以还清。像您这样长期缺觉的情况，我很遗憾地告诉您，这个债是还不清的。比如，您得了糖尿病，就算是现在睡得再好，也不可能不治而愈。”

M 先生点了点头，说：“那也没有办法了，好在我现在能正常睡觉了，就算是止损吧！”

我回答：“对，就是这个道理。”此时我心想，到底是商人，什么事情都可以用商业理论去解释。

M 先生叹了一口气，接着说：“事后想想，其实解决这件事挺简单的。你说，为什么当时我自己就想不出来这个解决方法呢？”

我笑着说：“您肯定听说过这样一个故事：美国有一家生产汽车配件的工厂，有一天，某台精密机床不工作了，维修工人修了几天也没有修好，只好请来一位专业工程师修理。

“工程师围着运转中的机器转了一会儿，在机器的某个部位画了一条线，说：‘你们沿着我画的这条线把机器拆开，就可以找到问题所在了’。

“维修工人按照工程师说的做了，果然找到了机器发生的故障点，并顺利地排除了故障。

“问题解决之后，工厂按照提前谈好的价格付给工程师1万美元。此时，工厂负责人开玩笑地说：‘你画了一条线，就挣了1万美元，真轻松呀！’工程师摇摇头，说：‘画一条线只要1美元，搞明白在哪儿画一条线需要9999美元。’”

我说完这番话，M先生哈哈大笑起来：“看来我就是那台坏了的机器，你找到了我的症结之所在。”

4. 学会接纳自己性格中的“阴暗面”

关于M先生的故事，到此就告一段落了。

当然，此次心理干预的过程，要比展现在读者面前的这个过程更加复杂一些，但是出于各方面的原因，我只讲了一些重点。

在本书的最后，我想抛开各种睡眠症状不同的外在表现形式和每个人的具体境况，从最根本的层面大概讲一下大部分睡眠问题发生的“共因”，算是对本书的所有内容进行一个归纳和总结吧！

我要讲的第一个共因是“心结”。

有的人睡眠时间短，有的人睡眠质量不好。在我看来，这些都可以用一个原因来概括：心里有结。

其实，古人也意识到了这个问题。所以，古代中医推崇睡前务必打开心结——烫脚半小时，舒展眉头、手足、心及舌头，并且将一粒高粱米放到印堂上。平躺后还要全身放松，把烦恼暂时丢掉，调整自己的呼吸，这样才能更好地进入睡眠状态。

关于古人描述“打开心结”的方法，在我看来可以算作是一种“仪式”。通过这种仪式，让我们知道睡眠是一件极其神圣的事情，可以让我们忘掉世俗烦扰，全身心地投入到睡眠中去。

但是，这毕竟治标不治本，要想真正打开心结，还需要心理疏导。有时候，我们可以通过自我疏导解决问题，但如果心结太深，就需要专业的心理专家进行疏导。

要知道，不管是什么程度的心结，其实都是可以找到原因的（很多时候，我们会无缘无故地感到心烦而导致失眠，其实是因为我们的潜意识刻意回避了心烦的根本原因，潜意识却将这种情绪表达了出来）。

用认知心理学流派的理论来看的话，心结的产生主要有三个过程：

首先是诱因。

家庭冲突、感情破裂、事业受挫、人际失和等外在因素，都可能诱发心理上的变化。拿 M 先生来说，他之所以醒来便睡不着，最

心结
诱因
理念
结果
用认知心理学流派的理论来看的话，心结的产生主要有三个过程。
首先是诱因。家庭冲突、感情破裂、事业受挫等外在因素，都有可能诱发心理上的变化。
M先生之所以醒来就睡不着，最大的诱因就是对于事业的执着和对工作的过度掌控欲。
其次是不合理的信念，就是对诱因的错误认识。
不能睡！成功之路刻不容缓！
M先生就是因为对诱因有了错误认识，产生了不合理的信念——认为自己睡不着的原因，是来自于“少睡觉才能更成功”的信念。
诱因和不合理的信念，导致了不好的行为和情绪。这就造就了最后的结果。
这种小事还要问我吗？
您看这份文件……

大的诱因就是他对于事业的执着和对工作的过度掌控欲。

其次是不合理的信念，就是对诱因的错误认识。

M 先生之所以没能找到导致自己睡眠出问题的真正原因，就是因为他对诱因有了错误的认识，产生了不合理的信念——认为自己睡不着的原因，来自“少睡觉才能更成功”的信念。

最后是结果，就是导致了不好的行为和情绪。

在心结产生的三个过程中，“不合理信念”是最关键的症结所在。所以，我在帮助 M 先生解决问题的时候，首先做的事情就是打破他内心的“少睡觉才能更成功”这一不合理信念。

事实证明，这么做的效果很好。

心结产生的过程有三步，类型也有三种。著名认知心理学家韦斯勒曾说：“人有时想不开，可以分三类——想多了，想少了，想坏了。”

所谓想多了，就是把小事情想得太大，把心思花在不该想的地方。

所谓想少了，就是钻牛角尖了，做什么事情都要黑白分明，不给自己和别人回旋的余地。

所谓想坏了，就是总把事情往坏处想。

有个故事很好地体现了这种人的想法：有个爱操心的老妇人有两个儿子，大儿子卖雨伞，小儿子卖染布。晴天的时候，老妇人就替大儿子发愁——不下雨，谁买他的雨伞啊！下雨了呢，她又替小儿子发愁——这么大的雨，把染布淋湿了可咋办？

像老妇人这样凡事只往坏处想的人，怎么能没有心结呢？她的睡眠质量肯定不好。

解决睡眠问题，归根结底就是帮人解开心结。

我要告诉各位读者的是，虽然心结会给我们带来负面影响，但是客观来讲，心结的存在是有其合理性的。

所谓心结，用心理学词汇表述的话就是“抑郁”。研究发现，抑郁情绪能让人更容易进入到“沉思”状态，所以有研究专家曾指出：“在智力考试中，越抑郁的人得分越高。”

抑郁情绪可以让人沉浸在某一件具体的事情中，避免分心。虽然抑郁情绪有一定的作用，但如果因为抑郁而影响了自己的正常生活，依然是得不偿失。

总结一下：首先，我们不要害怕抑郁（没有必要害怕有用的东西）；其次，不能沉迷于抑郁。这正如一句名言所说：“我们能熬过苦难，但绝不赞美苦难。”

现在，很多人会把“抑郁”气质视为一种人格魅力，大加褒扬。而有些产生了抑郁情绪的人，也会深陷其中难以自拔。这是不理智的行为。

不管怎么说，抑郁算是一种病态。

要想远离抑郁，其实也很简单，就是要在内心确立一种思想：人并不是容器，而是导管。快乐从导管里流过，悲哀也从导管里流过，但导管就是导管，它只负责让情绪流动，而不能试图储存这些情绪。

所以，解开心结的简单方法，就是把自己当成一根导管，让快乐、悲伤等各种情绪流过，不去试图留住某种情绪，一切顺其自然就好。

可能又有人反驳了，说我介绍的这个方法算是站着说话不腰疼——心结要是那么容易解开，人们哪里还有什么不快乐？而且，我们还发展不到自己能解开心结的那一步，因为大部分情况下，我们连自己真正的心结到底是什么都搞不明白。

正如 M 先生所说："解决睡眠问题的方法很简单，为什么自己就想不出来呢？"关于这个问题，有一句古话可以说得十分明白：当局者迷，旁观者清。

人在被失眠所困扰时，想得最多的一个问题是：我怎么才能睡着？实际上，最该想的问题是：我为什么睡不着？

很少人会思考这个问题，一方面是因为想不到，另一方面是因为不愿意去想。

为什么不愿意去想呢？因为引起失眠的因素，大多是一些难以解决的烦心事。而人的心理有一种自我保护机制，简单而言，就是会不自觉地远离那些让自己烦心的事情，不去主动分析它、研究它。

从这一点上来看，人和鸵鸟有些相似：遇到麻烦便把头扎进沙子里，麻烦还在，却假装看不见。这个时候，就需要一个旁观者来指出问题的所在。

那么，是不是每一个旁观者都能够指出他人的睡眠问题呢？并不是。因为产生睡眠问题的根本是心理问题，而心理问题是非常复杂的问题，需要透过现象去看本质，大部分人并不具备这种能力。

这是心理学存在的价值，也是医院里不仅仅需要冰冷的器械和固体的药丸，还需要更多温暖的人文关怀的原因所在。

5. 你对生活的态度，能改变你的运气是好还是坏

我要讲的第二个“共因”是生活态度。

在前面的内容里，我已经强调过：你的生活态度决定了你的睡眠，而你的睡眠也影响着你的生活态度。

“你觉得自己活得太累，实际上，你可能只是睡得太晚。”这是我经常对来访者说的一句话。

困意在时间的消耗中很容易变成怨念，甚至会发展成愤怒和后悔——怨恨昨天，因为困意沉沉留下太多的事情还没有做完，期待每个有大把时间可以支配的明天；愤怒自己的拖拉作为，后悔每个没能好好入睡的良辰。

睡眠太少，最为直接的后果就是过度消耗了精力，而没有精力又会影响这些人的工作状态。

所以，大部分熬夜者无法集中精力去解决生活中的问题，这将给他们带来极大的挫败感，甚至会慢慢消磨他们的意志力，让他们的行动力变得极为低下，然后就只能躲在游戏、电影、娱乐的背后。

但是，这种逃避只能带来片刻欢愉，等待他们的却是无尽的空虚和自责。

恶性循环最为可怕的后果，是它带来的累积效应。偶尔几晚失眠，虽然打乱了生活节奏，导致的负面后果却是相对微小的。不过，当这些微小一天天累积起来，生活就会变得一团糟。

所以，人在夜里睡不着的时候，各种负能量就会悄悄地浮出水面，情绪也会变得非常敏感且脆弱。

回想一下，你第一次熬夜是在什么时候？

我敢说，大部分人第一次熬夜是周五的晚上：一个星期的工作或学习告一段落，明天有大把的休息时间，内心的责任意识开始变得淡薄，对自己的约束力减弱，于是便可以肆无忌惮地一夜不眠。

第一天晚上（周五）熬夜，第二天（周六）就睡懒觉；周六晚上有些失眠，接着熬夜，第三天（周日）又睡懒觉。等到了周日晚上，明天就是周一，有很多事情需要打起精神去做，但这个时候想要恢复正常的睡眠时间已经有些困难了。

于是，你迎来一个昏昏沉沉的周一。

许多本该在这一天做完的事情，由于你根本没有精力也无法集中注意力，只能放到明天去做。一天推一天，一个关于熬夜的恶性循环就此产生了。

其实，想走出这个恶性循环的方法很简单，就是第五章节内容里那位孟教授用过的方法：跑步。孟教授跑步是为了减肥，你们跑步则是为了锻炼身体和改善睡眠。

其中，晨跑最有效。

为什么晨跑有奇效？首先，我这里所说的晨跑不是那种三天打鱼两天晒网的跑法（除非狂风暴雨的天气），一天都不能落下——只要中间有一天断掉了，就很容易放弃。

一开始，你可能还需要有人监督。

每天早上，也不需要你能跑多远，只要你坚持跑个500米、1000米就可以了。最为关键的是，要把晨跑这件事当成一种责任，一种不可推卸的生活要点。

长期坚持，你就会慢慢建立起责任意识，再不会因为明天放假或者是明天不用早起等原因而产生“今天可以放纵一下”的心态。

保持晨跑习惯，还需要一种“奖励机制”。比如，每天你跑完步之后肯定需要补充一下水分，这时候，你可以把矿泉水的瓶盖收集起来，收集够7个就可以给自己买个小礼物，或者是出去吃顿好的作为奖励。

我相信，每一个决心改善自己睡眠的人都可以行动起来，加入晨跑的队伍中。同时，我们又要知道，这项活动的特点是前期难坚持，中期又容易松懈，一不小心就会前功尽弃。

为了巩固我们的习惯，让我们做事情有始有终，就需要提高自己的“羞耻心”。

当年勾践为复兴越国，曾在自己的卧室里吊了一个苦胆，每天都要尝一下，以告诫自己不要忘记失败的耻辱。我们也需要这样一个“苦胆”。比如，因为你熬夜娱乐导致第二天的工作受到了领导的批评，那么，你就要立即提醒自己：以后不能再这样无节制地玩耍了，这些挖苦之词太伤自尊了。

跑步也一样，就算前期困难或者中期松懈，也要有比较强烈的自尊心，要提醒自己不能敷衍自己。如此，你就能继续坚持了。

当我们能够控制住自己的行为，养成一个好的睡眠习惯之后，你会发现自己的“运气”也变好了。

我这么说不是唯心主义，而是有根据的。

在《怪诞心理学》这本书里，描述了这样一个实验：心理学家将一份报纸分发给几位测试者，要求他们数清楚报纸里究竟有多少张图片。在报纸中间没有图片的部分，心理学家用小字写了一句话：“如果你看到这句话并且告知研究人员，你可获得 100 美元。”

那些思维活跃、精力旺盛的人，他们的大脑能够同时处理多方面的信息，所以看到这段话就领取了 100 美元。而那些精神状态很差的人，为了完成任务，他们不断地提醒自己“找图片、找图片”，根本就注意不到其他信息，因此错失了 100 美元。

你看，幸运的人往往是那些思维更活跃、精力更旺盛的人，因为他们能够抓住机会。而不幸的人则往往精神不振，只顾眼前不顾其他。

失眠者肯定有这样的体会：晚上失眠之后，第二天的精力只能支撑自己完成最基本的工作和学习，想象力、创造力和对信息的捕捉能力几乎处于停滞状态。而且，由于精力有限，对于周围环境的感知力也会大幅度下降。

这个时候，即便是好机会悄悄出现在身边，你也很难发现或是把握住。

我还发现，很多失眠者会经常性地丢东西。

一开始，我以为这是偶然现象，随着我接触的来访者越来越多，发现他们几乎都有丢三落四的毛病，而且有时候丢失物品居然有着莫名其妙的连贯性：今天丢了一串钥匙，重新配好钥匙之后，过几天又丢了！

坏运气为什么总是会降临到失眠者的头上呢？因为他们精神差、没有注意力，很难把握自己身边的事物，容易进入到失控的生活状态。

我们每天的生活细节是一个一个的“点”，如果你的每个点都出了问题，你就会觉得自己运气差。这时候，你会自然而然地把这些“坏点”连成一条线，向别人证明你的运气实在太差了。

当你常年觉得自己运气很差时，对生活的注意力和感知力也会进一步降低，慢慢地就真的变成了运气很差的人。所以，我们要远离不健康的睡眠，让自己的运气变好。

最后，我想说的是，人生完全符合“责任和权利对等”的原则：你对自己负责，得到各种正能量的回应就越多。相反，你若对自己不负责，就会得到更多消极的反馈。

去掉身上厚重的壳，拥有充分的睡眠，保证身体的健康，也是一个人在履行自己的人生职责。